AF565410

PR Praxis 31

Bibliografische Information der Deutschen Nationalbibliothek
Die Deutsche Nationalbibliothek verzeichnet diese Publikation in der Deutschen Nationalbibliografie; detaillierte bibliografische Daten sind im Internet über http://dnb.ddb.de abrufbar.

ISSN: 1863-8988
ISBN (Print): 978-3-7445-2050-8
ISBN (PDF): 978-3-7445-2051-5

Alle Rechte, insbesondere das Recht der Vervielfältigung und Verbreitung sowie der Übersetzung, vorbehalten. Kein Teil des Werkes darf in irgendeiner Form (durch Fotokopie, Mikrofilm oder ein anderes Verfahren) ohne schriftliche Genehmigung des Verlages reproduziert oder unter Verwendung elektronischer Systeme (inkl. Online-Netzwerken) gespeichert, verarbeitet, vervielfältigt oder verbreitet werden.

1. Auflage: 2016
2. Auflage: 2022

© 2022 by Herbert von Halem Verlag, Köln
Umschlaggestaltung und Satz: Bureau Heintz, Stuttgart
Lektorat: Rüdiger Steiner
Druck: ScandinavianBook, Dänemark

Herbert von Halem Verlagsgesellschaft mbH & Co. KG
Schanzenstr. 22, D-51063 Köln

E-Mail: info@halem-verlag.de
Tel.: 0221 92 58 29-0, Fax: 0221 9258 29 29
www.halem-verlag.de

DIGITAL STORYTELLING

Spannende Geschichten für interne Kommunikation, Werbung und PR

Dieter Georg Herbst, Thomas Heinrich Musiolik

2., völlig überarbeitete Auflage

HERBERT VON HALEM VERLAG | Köln

INHALT

EINLEITUNG

Wie kann Tesla das Digital Storytelling nutzen, um seine Geschichten vom rasanten Übergang zu nachhaltiger Energie zu erzählen? Wie erweckt Zalando seine Geschichten vom Einkaufen in Online-Medien zum Leben? Wie zeigt Edeka seine Liebe zu Lebensmitteln auf dem Smartphone?

Wie können wir selbst digitale Medien nutzen, um durch deren Besonderheiten eine einzigartige Erlebniswelt aufzubauen und langfristig zu entwickeln? Wie bringen wir unsere User zum Lachen, zum Weinen, zum Lieben? Wie sorgen wir dafür, dass wir ein herausragendes Erlebnis bieten, das unser Corporate Storytelling ergänzt?

Digital Storytelling ist das Erzählen von Geschichten in und mit digitalen Medien und digitalen Technologien – zum Beispiel im Internet, auf mobilen Endgeräten und in Virtual Reality. Ziel ist, im Rahmen der gesamten Unternehmenskommunikation und unseres Corporate Storytelling durch die Besonderheiten digitaler Medien beizutragen, unser Unternehmen und dessen Leistungen bekannter zu machen und deren Images langfristig und systematisch zu gestalten.

Diese vier Besonderheiten sind Integration, Verfügbarkeit, Vernetzung und Interaktivität. Sie ermöglichen Aufbau und Entwicklung starker, einzigartig attraktiver Erlebnisse bei den Bezugsgruppen, die den Unternehmens- und Markenwert steigern. Digital Storytelling ist Teil des gesamten Corporate Storytelling, also der Geschichten in der internen Kommunikation, in der Marktkommunikation und der Öffentlichkeitsarbeit (PR).

Geschichten sind starke Erlebnisse

Geschichten sind starke Erlebnisse, also Bündel von Gefühlen: Wir fiebern mit dem Helden, leiden mit den Opfern, lachen über den

Hofnarr, lieben mit den Liebenden. Geschichten sind mal beruhigend, mal genussvoll, mal aufregend, mal elektrisierend. Sie bringen ihr Publikum zum Lachen, zum Weinen und zum Schwärmen. Google, Twitter und Amazon – erfolgreiche Unternehmen, die spannende und mitreißende Geschichten erzählen. IKEA erzählt auf Instagram lustige Geschichten vom einzigartigen Wohngefühl, BMW lockt auf Facebook mit der Freude am Fahren und SpaceX erzählt auf YouTube von der Entdeckung fremder Planeten. Diese attraktiven Unternehmen erzählen spannende und mitreißende Geschichten – wir lieben sie dafür und können nicht genug davon bekommen.

Großes Potenzial für die Unternehmenskommunikation

Digital Storytelling in der Unternehmenskommunikation ist vergleichsweise neu. Wir kennen schon erfolgreiche Geschichten aus der Werbung wie die lebensfrohen Geschichten rund um Langnese Eiscreme, Geschichten vom grünen Segelschiff von Becks Bier und aus der Raffaello-Welt. Zunehmend wird Storytelling auch in den Public Relations (PR; Öffentlichkeitsarbeit) und der internen Kommunikation eingesetzt. Ob digital, transmedial oder interaktiv – Unternehmensgeschichten werden immer greifbarer, teilbarer, emotionaler und erlebnisreicher. Storytelling gehört mittlerweile in vielen Unternehmen zum Tagesgeschäft in der Unternehmenskommunikation. Das Digital Storytelling liefert hierfür Geschichten auf der eigenen Website, Facebook, Twitter, Instagram, YouTube, aber auch durch virtuelle Schaufenster mit Avataren und digitalen Stadtmöbeln.

Handwerk? Dienstleistung? Investitionsgüter? Auch Sie können die Besonderheiten der digitalen Medien und Technologien nutzen, um einmalige Erlebnisse auszulösen. Gerade kleinen und mittelständischen Unternehmen bietet das Digital Storytelling die große Chance, sich und ihre Leistungen erlebbar zu machen, denn sie können viel persönlicher und authentischer sein als große, anonyme Weltkonzerne. Dienstleister erzählen, was sie können und warum die

Zusammenarbeit mit ihnen sinnvoll ist. Non-Profit-Organisationen erzählen, wie sie die Welt zu einem besseren Ort machen.

Weitere starke Ausbreitung von Digital Storytelling

Künftig wird sich Digital Storytelling in der Unternehmenskommunikation weiter rasant ausbreiten: Dies ist zu erwarten aufgrund der weiter zunehmenden Ausbreitung des Internets sowie durch die exponentielle Entwicklung von Technologien, Öffnung von Märkten und der Umverteilung der Marketingbudgets auf digitale Kanäle. Hierzu einige Zahlen (Quelle: statista.de):

- **Das Internet bereitet sich weiter stark aus:** Mittlerweile sind rund 4 Milliarden Menschen weltweit online – doch dies ist erst die Hälfte der Weltbevölkerung. Im bevölkerungsreichen Indien – mit über einer Milliarde Menschen – hatten im März 2021 erst rund 775 Millionen Einwohner Internet.
- **Verkaufszahlen im E-Commerce steigen weiter:** Im Jahr 2021 belief sich der globale Umsatz im Online-Einzelhandel auf rund 4,9 Billiarden US-Dollar.. Der Prognose zufolge sollen die weltweiten Umsätze im Jahr 2024 auf rund 6,7 Billiarden US-Dollar. steigen.
- **Soziale Netzwerke nehmen rasant zu:** Im Januar 2021 lag die Zahl der monatlich aktiven Nutzer von sozialen Netzwerken bei rund 4,2 Milliarden. Im Vergleich zum Vorjahr ist die Anzahl um rund 13,2 Prozent gestiegen. Interessanter Vergleich: Im Jahr 2015 lag die Zahl der aktiven Social-Media-Nutzer noch bei rund 2,08 Milliarden.

Blick in die Praxis ernüchtert

Angesichts dieser rasant zunehmenden Bedeutung des Digital Storytelling überrascht ein Blick in die Praxis:

- **Geringer Einsatz:** Digital Storytelling wird immer noch viel zu wenig in der Unternehmenskommunikation eingesetzt. Meist beschränkt er sich auf den Einsatz im digitalen Geschäftsbericht oder einem YouTube-Video. Vor allem die Potenziale durch

Vernetzung und Interaktivität sind längst nicht ausgeschöpft.

- **Keine Nutzung der Besonderheiten der digitalen Medien:** Geschichten aus den klassischen Kanälen werden 1:1 nach dem Copy and Paste-Verfahren in digitale Medien übertragen, ohne deren Besonderheiten zu nutzen.
- **Inhalte kommen zu kurz:** Im Digital Storytelling ist die Technik ausgereizt, aber die Geschichte selbst kommt zu kurz. Hierbei gilt jedoch „Content is King" – der Inhalt steht im Zentrum, nicht die Technik.
- **Widerspruch zwischen Medienrealität und Alltagsrealität:** Unternehmen erzählen Geschichten in perfekt inszenierten Image-Videos, doch diese haben mit der Alltagsrealität der Kunden und anderer Bezugsgruppen nichts zu tun (Deutsche Bank: „Leistung aus Leidenschaft" und neu: #PositiveImpact). Dies schwächt den Markenkern mehr als ihn zu stärken.
- **Geschichten sind langweilig und belanglos:** Dies kommt vor allem daher, dass jegliche Herausforderungen und Probleme im Unternehmensalltag aus dem Storytelling verbannt sind („Wir reden nicht über Hindernisse und Probleme"); jedoch können gerade Hindernisse große Spannung erzeugen, die das Unternehmen auf seinem Weg zur attraktiven Kundenleistung zu beseitigen hat (siehe Kap. G3). Zum anderen entsteht Langeweile, weil nicht die Erlebnisse der User im Vordergrund stehen, sondern die künstliche, kunstlichterhellte Imagewelt rund um die Produkte und Leistungen.
- **Websites bilden kein Gesamterlebnis:** Einzelne Elemente stehen im Fokus des Storytelling wie Text, Bild, Video oder Audio. Jedoch sollten Inhalt, Ansprache aller Sinne und Gefühle ein stimmiges Gesamterlebnis ermöglichen wie das Best-Practice-Beispiel „Snow Fall" zeigt (siehe Kap. B4).

Digital Storytelling ist umfassendes Gesamterlebnis mit vielen Bausteinen.

Kernfragen im Digital Storytelling

Kernfragen im Digital Storytelling sind:

- Welche Besonderheiten ergeben sich bei der Nutzung digitaler Inhalte auf verschiedenen Endgeräten?
- Wie tragen Technologien wie Augmented Reality, Virtual Reality, Bluetooth, QR-Codes zum Digital Storytelling bei?
- Wie schöpfen wir die Potenziale für unsere Geschichten aus?
- Wie können wir Erlebnisse aufbauen und kontinuierlich entwickeln?
- Wie steigern digitale Geschichten den Unternehmens- und Markenwert?
- Was ist die Zukunft des Digital Storytelling?

Über dieses Buch

Dieses Buch unterstützt Sie, Ihre eigenen digitalen Geschichten zu erzählen: Wir zeigen die einzigartigen Potenziale des Digital Storytelling auf und erläutern, wie Sie diese Potenziale für Ihr gesamtes Corporate Storytelling nutzen können. Das Buch beruht auf neuesten Forschungsergebnissen aus der Neuropsychologie und -physiologie. Zahlreiche Beispiele und Checklisten sorgen für eine gute Anwendbarkeit in der Praxis. Aktuelle Links und viele weitere Informationen rund um das Digital Storytelling finden Sie unter www.dietergeorgherbst.de.

Weitere Hinweise:

- Das Buch ist eine Einführung. Mehr kann es nicht sein, weil die vielen Facetten des Themas eigene Bücher füllen. Wir konzentrieren uns auf wichtige Aspekte, die für den Einstieg ins Thema wichtig sind. Tipps für ergänzende und weiterführende Lektüre geben wir am Ende der Kapitel.
- Das Buch baut auf dem Buch *Storytelling in den Public Relations* von Dieter Georg Herbst auf, das 2021 in einer völlig

überarbeiteten 4. Auflage im Herbert von Halem Verlag erschienen ist. Inhaltliche Doppelungen gibt es nur an den Stellen, an denen sie unvermeidbar erschienen, um das Thema darzustellen.

- Wir verstehen Unternehmenskommunikation als Erlebniskommunikation, also Kommunikation, die ein Bündel von Gefühlen auslösen kann. Unternehmenskommunikation umfasst die stimmige Gesamtheit aus interner Kommunikation, Marktkommunikation und Öffentlichkeitsarbeit. Für die Gestaltung der Unternehmenskommunikation steht die Frage im Zentrum, wie ein Unternehmen das beste Gefühl aller Anbieter auslösen kann und hierdurch bewirkt, dass sich Bezugsgruppen für das Unternehmen entscheiden – seien es potenzielle Mitarbeitende, Geldgeber, Journalisten oder Kunden.
- Wir verstehen hier unter digitalen Medien solche, die Computersoftware und Hardware nutzen. Digitale Medien ermöglichen, digitale Inhalte zu produzieren, zu bündeln und über stationäre und mobile Datennetze zu verbreiten.
- Im Buch verwenden wir aus Gründen der Lesefreundlichkeit durchgehend männliche Geschlechterformen. Mit den Personenbezeichnungen sind aber stets beide Geschlechter gemeint.

Hinweise zur zweiten Auflage

Die Entwicklungen im Digital Storytelling schreiten rasant voran: Der Einsatz von digitalen Medien und Technologien in der Unternehmenskommunikation steigt, ebenso die Anwendung von Digital Storytelling im Corporate Storytelling; auch in den Social Media erscheinen digitale Geschichten immer häufiger. Zudem gibt es immer neue Themen wie das Data Storytelling, also das Erzählen von Geschichten mit Daten. Für diese zweite Auflage haben wir deshalb die Beispiele aktualisiert. Wir haben neue Themen aufgenommen wie Data Storytelling, Geschichten im Content Marketing und in den Social Media. Die zweite Auflage soll Sie mit neuesten Erkenntnissen über die Wirkung und Anwendung von Digital Storytelling unterstützen, Ihr Corporate Storytelling in der Unternehmenskommunikation voranzubringen.

Dank
Wir danken Rüdiger Steiner vom Herbert von Halem Verlag für die stets fürsorgliche und professionelle Begleitung. Außerdem danken wir Klaus Täubrich von der Hamburger Agentur FÜRSTVONMARTIN für seinen Input zum Storytelling im Content Marketing und David Lochner für seinen Gastbeitrag zum Thema „Perfomanceorientierte Unternehmenskommunikation".

BEGRIFFE

In diesem Kapitel erfahren Sie,

- was Storytelling bedeutet,
- wie sich Digital Storytelling entwickelt hat,
- was Storywelten sind und
- welche Ziele das Digital Storytelling erreichen kann.

Abb. 1: Wir lieben Geschichten und können nicht genug von ihnen bekommen.

A1 STORYTELLING

Digital Storytelling – was ist das überhaupt?

Geschichten über das Unternehmen in einem YouTube-Video? Ja. Auch. Aber Geschichten in Videos gibt es schon viele Jahre lang.

Geschichten in einem Facebook-Post? Ja, auch. Aber Geschichten in Kurztexten gibt es schon lange.

Geschichten in einem Podcast? Ja, auch.

Aber Digital Storytelling ist noch so viel mehr. Starten wir dieses Buch mit der Klärung, wovon wir hier überhaupt reden. Beginnen wir mit dem Begriff „Storytelling":

Storytelling

Storytelling definiert der Duden (2015) als „Erzählkunst". Dies beinhaltet, dass das Erzählen von Geschichten anspruchsvoll ist und nicht jeder beherrscht. Er beinhaltet aber auch, dass dies erlernbar ist.

Wie anspruchsvoll gutes Storytelling ist, zeigt sich beispielsweise dort, wo User in Social Media ihre Geschichte mit einem Unternehmen oder eine Marke erzählen: Das meiste ist uninteressant und schlecht erzählt, berichten auch Kollegen.

Der Begriff „Erzählkunst" wiederum ist laut Duden die „Fähigkeit, etwas in mitreißender, spannender Weise zu erzählen" (Duden 2015).

> Storytelling = Erzählkunst = Fähigkeit, etwas in mitreißender, spannender Weise zu erzählen

Storytelling verstehen wir als Erzählkunst, Mitarbeitern, Kunden, Journalisten und andere wichtigen Bezugsgruppen Fakten in mitreißender, spannender Weise zu erzählen. Wir tun dies gezielt, systematisch geplant und langfristig.

Ziel ist, unser Unternehmen bekannt zu machen und für es ein klares und attraktives Vorstellungsbild (Image) zu entwickeln. Dies soll beitragen, den Unternehmenswert zu erhöhen, indem die Bezugsgruppen unser Unternehmen stärker unterstützen als sie dies ohne unsere Unternehmenskommunikation tun würden. Dass dies möglich ist, zeigen wissenschaftliche Studien.

Im Storytelling gehen wir gezielt und koordiniert vor, damit uns unsere Bezugsgruppen stimmig und widerspruchsfrei erleben. Alle internen Beteiligten sind motiviert, spannende und mitreißende Geschichten über unser Unternehmen und seine Leistungen zu erzählen. Menschen lieben diese Geschichte und wollen Teil von ihr sein – als Mitarbeiter, als Kunde, als Geldgeber oder als Journalist.

Storytelling in der Unternehmenskommunikation bedeutet demnach, Fakten über das Unternehmen und seine Leistungen in Form von spannenden und erlebnisreichen Geschichten zu erzählen. Was das Unternehmen über sich erzählt? „Ich erzähle Dir, wer ich bin, was ich tue und warum Du mich von allen Alternativen am meisten magst."

Ein gelungenes Beispiel ist der YouTube-Kanal von MySwitzerland.com, der Seite von Schweiz Tourismus. Viele Videos erzählen in kleinen Geschichten über Erlebnisse in der Schweiz und lösen durch beeindruckende Bilder und persönliche Bericht starke Gefühle bei den Betrachtern aus.

Basis von Geschichten sind Fakten

Wichtig ist zu beachten, dass Geschichten nicht erfunden oder übertrieben sind. Stattdessen erzählen wir Geschichten gezielt, gekonnt und auf der Basis von Fakten. Informationen, Daten und Zahlen erläutern, wofür wir stehen, was wir leisten und welches einzigartig attraktive Erlebnis wir unseren Mitarbeitern, Kunden, Lieferanten, Geldgebern und anderen wichtigen Bezugsgruppen bieten. Warum sind Fakten als Basis so wichtig? Unsere Bezugsgruppen müssen sich verlassen können, dass unsere Geschichten stimmen und belegbar sind. Nur so werden sie uns vertrauen, also das Risiko als gering empfinden, dass wir sie enttäuschen.

Wir erzählen deshalb auch, welche Hindernisse sich uns in den Weg stellen: Sind es die Leistungen der Konkurrenten? Sind neue Ideen schwierig zu finden? Ist die Qualität besonders herausfordernd, weil sie im Detail steckt? Wie erfüllen wir dennoch unseren Auftrag? Wie werden wir und unsere Kunden für die Mühen belohnt?

Storytelling eignet sich also hervorragend, um unseren Mitarbeitern, Journalisten, Geldgebern belegbare Informationen mitreißend zu erzählen – Erfolgsgeschichten von Perfektion und höchster Präzision. Geschichten vom erfolgreichem Wandel, Geschichten von Innovationen, Geschichten von Markterfolgen, Geschichten über die Mitarbeiter und deren Leistungen, Geschichten über begeisterte Kunden.

Jeff Bezos erzählt seit vielen Jahren vom Leadership im digitalen Handel. Larry Page und Sergey Bryn faszinieren mit Geschichten, wie sich Wissen am besten im digitalen Raum finden lässt. Mark Zuckerberg bringt die Welt in einer Gemeinschaft zusammen. Wir erzählen, was uns im Unternehmen bewegt, welche Visionen die Firmengründer haben, wofür und wogegen die Manager kämpfen. Ganz wichtig: User erfahren von Erfolgen, aber auch von unseren Misserfolgen. Von Chancen, aber auch von Risiken – denn diese gehören nun mal zum unternehmerischen Handeln dazu. Unsere Geschichten erzählen, wie kompetent wir sind und wie wir unsere Probleme souverän lösen.

Wer hört nicht gern Geschichten aus der digitalen Welt, in der Menschen Videos, Audiofiles und wichtige Tipps tauschen und damit ihr Leben bereichern? Unternehmen erzählen, wie sie hart für die Sicherheit von Daten arbeiten, was dies erschwert und wie sie letztlich doch siegen. Unser Storytelling kann unseren Unternehmenschef höchst wirkungsvoll inszenieren, wie es Steve Jobs zu Lebzeiten vorgelebt hat.

A2 DIGITAL STORYTELLING

Der Begriff „Digital Storytelling" entstand in den 1990er-Jahren. Eine Gruppe der Berkeley-Universität nahm den Begriff auf, um einen Kurs für die (digitale) Video-Produktion von Kurzgeschichten zu betiteln. Gleichzeitig prägte der US-Amerikaner Dana Atchley den Ansatz des digitalen Geschichtenerzählens mit seiner autobiografischen Theater- und Videoproduktion. Später gründete Atchley gemeinsam mit Joe Lambert das Center for Digital Storytelling.

Digital Storytelling meint das Erzählen in digitaler Form: „The biggest difference between traditional types of narratives and digital storytelling is that the content of traditional narratives is in an analog form, whereas the content in digital storytelling comes to us in a digitized form" (Miller 2008: 4).

Viele Begriffe werden im Zusammenhang mit Digital Storytelling teils synonym verwendet. Manche heben die spezielle Aspekte des Digital Storytelling hervor: Transmedia Storytelling, Interactive Storytelling, Multiplattforming, Integrated Media, Cross Media Productions und Digital Narratives. Am häufigsten wird Digital Storytelling mit Multimedia Storytelling gleichgesetzt. Dies meint den kombinierten Einsatz von Text, Video und Audio für Geschichten in digitalen Medien. Auch der Begriff des Interactive Storytelling ist zu finden.

Hier einige Erklärungen für oft verwendete Begriffe:

Multimedia Storytelling	Am häufigsten scheint Digital Storytelling und Multimedia Storytelling gleichgesetzt, also mit dem kombinierten Einsatz von Text, Video und Audio.
Interactive Storytelling	Bezieht sich vor allem auf den Aspekt der Interaktion zwischen User, Anbieter und Endgerät wie Laptop oder Smartphone. Digital Storytelling ist umfassender als Multimedialität und Interaktivität: Zwar sind dies zwei wichtige Eigenschaften digitaler Technologien, aber eben nur zwei. Es gibt noch zwei weitere, wie im Folgenden dargestellt wird: die Verfügbarkeit und vor allem die Vernetzung.
Digital Storytelling	Storytelling mit den vier Besonderheiten der digitalen Medien: Integration, Verfügbarkeit, Vernetzung, Interaktivität
Crossmedia Storytelling	Dieses liegt dann vor, wenn wir die gleichen Inhalte über unterschiedliche Kanäle zu unseren Bezugsgruppen transportieren.
Transmedia Storytelling	Unterschiedliche Inhalte einer Core Story über die Kanäle schicken (siehe Kap. 13).

Abb. 2: Begriffe aus dem Digital Storytelling.

A3 ENTWICKLUNG DES DIGITAL STORYTELLING

Menschen haben schon immer Geschichten erzählt, persönlich am Dorfbrunnen, am Lagerfeuer. Geschichten haben Menschen schon erzählt als es noch keine Sprache gab. Mit Bildern, Lauten oder Zeichnungen im Sand. Von Bildern und Malerei dann zu Sprache und Schrift.

Abb. 3: Geschichten am Lagerfeuer.

Mit dem Aufkommen von Massenmedien folgten Geschichten in Zeitungen oder Büchern, dann Hörspiele im Radio, Serien im Fernsehen, Spielfilme im Kino und Erzählwelten in Computerspielen, Hörbüchern, Podcasts – und schließlich erste Erzählwelten im Gaming und auf interaktiven Plattformen. Für jedes Medium hat sich eine spezielle Art und Weise entwickelt, Geschichten zu erzählen und zu verbreiten. Neue Erzählformen sind schon immer entstanden, um die Besonderheiten des neuen Mediums zu nutzen.

Story-Expertin Marie-Laure Ryan schreibt, dass jedes Medium eine einzigartige Kombination von Features hat. Bei den digitalen Medien sind dies die „Big Four": Integration, Verfügbarkeit, Vernetzung und Interaktivität (siehe ausführlich Kap. B). Die Kombination dieser Besonderheiten löst völlig neue, attraktive Erlebnisse mit dem Unternehmen und seinen Marken bei Mitarbeitenden, Kunden, Journalisten, Geldgebern und anderen wichtigen Bezugsgruppen aus.

Hypertext als Anfänge in den 1970er-Jahren

Die Anfänge des Digital Storytelling gehen auf die Informatik zurück, auch wenn es damals noch nicht so hieß: Zu Beginn der 1970er-Jahre begann dort das Interesse an der Narratologie, also der Wissenschaft vom Erzählen. Die Forschung konzentrierte sich auf das vielversprechendste Gebiet: die künstliche Intelligenz (KI). Zu den Anfängen gehören auch Filmemacher, die erstmals lineare Erzählweisen im Film aufbrachen und das Publikum mitbestimmen ließen – was heute als Interaktivität bezeichnet wird. In den 1980er-Jahren flossen Erkenntnisse der Narratologie-Forschung und Disziplinen wie die neu gegründete Narrative Psychologie ein.

Zu den ersten Storytellern gehörten Ken Bums, Dana Atchley und Joe Lambert vom Center for Digital Storytelling in San Francisco. Bums animierte 1990 im Dokumentarfilm *The Civil War* über 16.000 Bilder und Zeitungsausschnitte, was den Eindruck von Bewegtbild entstehen ließ. Dieser Effekt ist auch heute oft in digitalen Geschichten zu finden und wird deshalb Ken-Burns-Effekt genannt.

Großen Aufschwung erhielt das Thema durch Game-Designer: 1986 erhielt Brenda Laurel den ersten Doktortitel für das Design eines interaktiven Fantasy-Systems, in dem sie ihre Kenntnisse als Theaterwissenschaftlerin mit ihrer Erfahrung als Programmiererin kombinierte und das Genre Interactive Drama gründete. Titel ihres international bekannten Buches: *Computer as Theatre* (1991). Wegweisend als Designer und Spieleentwickler sind auch Chris Crawford, der den Begriff „Interactive Storytelling" erfunden haben soll, sowie Andrew Glassner.

Zu den ersten Formen von digitalem Erzählen gehört Hypertext als linearer Lauftext, der über mehrere Pages läuft, über Links verfügt und Kommentare ermöglicht. Hypertext wurde damals mit vielen visuellen Elementen wie Icons und Illustrationen ergänzt. In der zweiten Welle der digitalen Fiktion werden Texte und Animationen gleichermaßen verwendet.

Entstehung des Begriffs

Der Begriff des „Digital Storytelling" ist in den 1990er-Jahren entstanden. Zum einen ist als Quelle der Titel des Kurses für (digitale) Video-Produktion von Kurzgeschichten an der Berkley-Universität zu finden. Zum anderen prägte der US-Amerikaner Dana Atchley den Ansatz mit seiner autobiografischen Theater- und Videoproduktion und seiner Website. Später gründete Atchley gemeinsam mit Joe Lambert das Center for Digital Storytelling, das nach wie vor zu den wichtigsten Anlaufstellen für die Ausbildung im Digital Storytelling gehört (https://www.storycenter.org/history).

Digital Storytelling ist für die meisten Autoren das Erzählen in digitaler Form: „The biggest difference between traditional types of narratives and digital storytelling is that the content of traditional narratives is in an analog form, whereas the content in digital storytelling comes to us in a digitized form" (Handler Miller 2008: 4).

Bryan Alexander, der sich früh mit Digital Storytelling in der Unternehmenskommunikation beschäftigte, schreibt: Digital storytelling is „telling stories with digital technologies" (Alexander 2017: 3).

Digital Storytelling wäre demnach auch, wenn eine Story aus gedruckten Medien mit dem Copy and Paste Verfahren auf einer Website erscheint. Aber für uns ist das Digital Storytelling eher das Erzählen von Geschichten mit den Besonderheiten der digitalen Medien und digitalen Technologien: Integration, Verfügbarkeit, Vernetzung und Interaktivität. Unser Verständnis ist demnach:

> Digital Storytelling ist das Erzählen und Erleben von Geschichten mit den Besonderheiten der digitalen Medien und digitalen Technologien.

Fazit: Digital Storytelling knüpft an die uralte und höchst wirkungsvolle Tradition des Geschichtenerzählens an, wie jeder sie vom Lagerfeuer her kennt. Letztlich beschreiben diese Begriffe neue Techniken, um unsere Geschichten zu erzählen.

Weiterlesen

Mehr zur Entwicklung des Storytelling finden Sie bei Carolyn Handler Miller (2014).

A4 ALLGEMEINE ZIELE DES DIGITAL STORYTELLING

In der Unternehmenskommunikation kann Digital Storytelling vier Aufgaben erfüllen:

- **Aufmerksamkeit schaffen:** Eine gute Geschichte fällt uns auf im Meer bedeutungsloser Informationen. Die gute Geschichte sorgt dafür, dass sich Menschen unseren Überschriften zuwenden und danach dem Artikel, weil er neu und wichtig ist. Sie sorgen dafür, dass wir ein Video zu Ende sehen und noch mehr darüber wissen wollen.
- **Wissen aufbauen:** Storytelling informiert unsere Bezugsgruppen über unser Unternehmen und dessen Leistungen, damit sie wissen, wer wir sind, was wir für sie tun und warum sie dies so gut finden.
- **Starke Erlebnisse erzeugen:** Storytelling löst starke und einzigartige Erlebnisse aus, also Bündel von Gefühlen: Wer gute Geschichten vom Unternehmen hört, kann sich sicher und geborgen, inspiriert, angespornt oder überlegen fühlen.
- **Lange Speichern und schnelles Abrufen:** Storytelling sorgt dafür, dass die Bezugsgruppen unser Unternehmen besser speichern und aus ihrem Gedächtnis leichter und schneller abrufen: Je mehr Gefühle unsere Geschichte auslöst, desto besser speichern Mitarbeiter, Kunden, Journalisten diese ab.

Bekanntheit, Wissen, Meinungen und Bereitschaften lassen das Image vom Unternehmen und seiner Leistung entstehen, also das gesamte Vorstellungsbild, das Bezugsgruppen von unserem Unternehmen haben.

Wichtigstes Wirkprinzip

Zu den wichtigsten Wirkprinzipien des Images gehört die Klarheit, die unsere Bezugsgruppen von uns haben. In der Unternehmenskommunikation oft verwendete Begriffe wie „innovativ", „kompetent" und „kundenfreundlich" allein sind nicht in der Lage, das klare, einzigartige Image entstehen zu lassen. Das Digital Storytelling kann stark dazu beitragen, eine klare Vorstellung von diesen Begriffen zu erzeugen. Ein Beispiel hierfür ist der Kampf von Timo Boll gegen den KUKA-Roboter, der eine klare Vorstellung von Begriffen wie „Innovation" und „Perfektion" erzeugt (siehe ausführlich Kap. B).

Weiterlesen

Mehr zu den Aufgaben und Zielen des Storytelling finden Sie bei Dieter Georg Herbst (2021).

BESONDERHEITEN DER DIGITALEN MEDIEN

In diesem Kapitel erfahren Sie,

- welche Besonderheiten das Digital Storytelling kennzeichnen,
- wie Sie diese Besonderheiten für Ihr Storytelling nutzen können und
- welche Herausforderungen Sie beachten sollten.

Abb. 4: Digitale Schautafeln.

Digitale Medien verfügen über vier Besonderheiten, die wir als einzigartigen Mehrwert gezielt und konsequent ausschöpfen sollten, um unser Unternehmen und dessen Leistungen bei den Kunden und anderen wichtigen Bezugsgruppen deutlich zu positionieren und als langfristigen Wettbewerbsvorteil auszubauen. Die vier Besonderheiten sind: Integration, Verfügbarkeit, Vernetzung und Interaktivität.

B1 INTEGRATION

Vor einigen Jahren fand digitale Unternehmenskommunikation vor allem im World Wide Web statt, speziell auf der eigenen Website – daher auch der Name „Internet-PR“, „E-Branding“ und „Online Marketing“. Digitale Endgeräte kamen hinzu wie Smartphones und Tablets. Mittlerweile gehören auch digitale Schauräume zur digitalen Kommunikation.

Abb. 5: Digitale Endgeräte sind Bausteine des Digital Storytelling.

Digitales Geschichtenerzählen findet also nicht mehr nur im Internet und auf digitalen Endgeräten statt: Wichtige digitale Technologien sind 3D-Hologramme, interaktive Bildschirme, Bluetooth, QR-Codes sowie Augmented und Virtual Reality. Auch digitale Schauräume, dreidimensionale Plakate, interaktive Angebote im Stadtraum sowie digitale Litfaßsäulen zählen dazu.

Beispiel „Digital Signage": Dies ist der Einsatz digitaler Medieninhalte für Werbe- und Informationszwecke. Hierunter fallen elektronische Plakate, Verkehrsschilder, Werbung in Geschäften, digitale Türbeschilderung oder Großbildprojektionen. In öffentlichen Räumen wie Bahnhöfen, Flughäfen oder Einkaufszentren sieht man mittlerweile zunehmend mehr Digital Signage-Installationen; sie werden aber auch in der internen Kommunikation verwendet.

Starke Verbindung von Bausteinen

Digital Storytelling zeichnet sich durch hochgradige Integration unterschiedlicher Bausteine aus, die untereinander verbunden sind und kommunizieren:

- **Geräte** wie Laptops, Smartphones, Tablets, Wearables wie Smartwatches, aber auch Roboter. Die Geräte bilden ein System aus Hardware.
- **Plattformen:** Zentrale Plattform des Digital Storytelling ist für viele Unternehmen die eigene Website. Unsere eigene Plattform kann verbunden sein mit anderen Unternehmens-Websites, E-Commerce-Websites, den Websites von Experten und sogar mit Websites der Konkurrenz. Überdies lassen sich dort meist getrennte Disziplinen einbinden wie Werbung mit VideoAds, die digitale Pressemappe der PR sowie Verkaufsförderung im E-Shop. Zum Beispiel zeigt IKEA einen Party-Film, in dem sich die Ausstattung anklicken und im E-Shop kaufen lässt. Stefan Heijnk schreibt: „Eine Website kann als Radio- oder TV-Sender, als Zeitungs- oder als Zeitschriftenderivat fungieren. Sie kann die Funktion eines Lexikons übernehmen oder virtueller, interaktiver Berater sein. Sie kann aber auch die Funktion eines Kaufhauses oder Reisebüros, eines Lebensmittelgeschäfts oder einer Telefonzelle simulieren. Und sie kann all diese Funktionen natürlich auch gleichzeitig auf sich vereinen" (Heijnk 2011: 17).

- **Anwendungen** können wir integrieren wie Blogs und Mircoblogs, Wikis, Sharing-Plattformen für Videos, Fotos, Audiofiles, Social News-Seiten, Ortungsdienste, Social Bookmarking, Suchmaschinen.
- **Dienste:** Dienste können wir integrieren wie E-Mail und Telefonie (z.B. Skype), Video-Konferenzen (z.B. Zoom, WebEx), Chats.
- **Technologien** wie QR, Bluetooth, Hologramme, Augmented Reality und Virtual Reality. Durch enorme Entwicklungen in der IT wendet die Spiele-Industrie schon heute vielfach Technologien wie z.B. Echtzeit-Grafiken, digitale Sprachverarbeitung oder künstliche Intelligenz an.
- **Medienobjekte** sind zum Beispiel ein Blogbeitrag, ein Fleet auf Twitter, ein Video auf YouTube, ein Foto auf Facebook, die alle untereinander verlinkt sind und eine Geschichte erzählen können (siehe Kap. B).
- **Multimedialität:** Einbinden lassen sich Texte, Fotos, Grafiken, Videos, Animationen und Töne. In Geschichten über Herstellverfahren von Produkten können diese neben Texten durch Fotos, Grafiken, einem Ablaufschema und interaktiven Infografiken veranschaulicht werden. Wie arbeiten vollautomatische Fertigungsstraßen in der Produktion? Wie reinigen Luftfilter die Abluft umweltschonend? Wie tragen die Bemühungen im Corporate Social Responsibility zur Ökobilanz des Unternehmens bei? Über Multimedia-Anwendungen können in der Autobranche Käufer Fahrzeugmodelle, Farben und Ausstattung am Bildschirm individuell zusammensetzen. Besucher können durch den Einsatz von Virtual Reality um das Auto herumgehen, es aus unterschiedlichen Blickwinkeln prüfen und einen Blick in das Innere werfen. 3D-Produkt-Präsentationen erlauben es dem Kunden, die Marke zu drehen und zu skalieren. Glas, Metall, Holz und andere Werkstoffe sehen wirklichkeitsnah aus. Beispiel: „The

Revenge: Timo Boll vs. KUKA Robot": Das Video zeigt einen orangefarbenen Roboterarm, der schnell, filigran und präzise ist. (https://youtu.be/lv6op2HHIuM).

Abb. 6: Roboter erzählen Geschichten.

Alle Bausteine sind vernetzt und können miteinander kommunizieren. Gemeinsam bilden sie ein komplexes System. Dies ist mehr als Geschichten im Internet: Es sind Geschichten im digitalen Kosmos – Andrew Glassner (2004) nennt sie „Story Environments".

Bausteine im Digital Storytelling

- Geräte
- Plattformen
- Dienste
- Technologie
- Anwendungen
- Medienobjekte

Digital vernetzter Kosmos

Der digitale Kosmos ist demnach ein Supersystem von Systemen, das Menschen durch digitale Medien und Technologien vernetzt – auch uns mit unseren Bezugsgruppen. Geräte, Plattformen, Technologien, Anwendungen, Medienobjekte sind elektronisch miteinander verbunden, Inhalte beziehen sich aufeinander.

Geräte	- Desktop - Laptop - Mobiltelefon - Smartphones	- Wearables (Smartwatch, Google Glass, VR-Brille) - Tablet
Plattformen	- Eigene Website mit eigenem Inhalt - Fremde Websites mit eigenen und fremden Inhalten - Social Media: Blogs, Wiki, soziale Netzwerke etc. - Online-Märkte	
Dienste	- E-Mail - Telefonie - Chats	
Anwendungen	- Standortdienste (Location Based Services) - Suchmaschinen	
Technologien	- Bluetooth - QR-Codes - Augmented Reality	- Hologramme - Mobile Payment
Medienobjekte	- Tweet - Video - Audiofiles	- Nachricht - Online - Anzeige

Abb. 7: Wichtige Bausteine des Digital Storytelling mit Beispielen.

Story-Kosmos als Supersystem

Dieser Baukasten lässt sich vergleichen mit unserem Gehirn: Auch dieses besteht aus vielen Systemen, von denen jedes seine speziellen Aufgaben erfüllt, zum Beispiel Sehen, Fühlen, Tasten, Schmecken und Riechen. Die Systeme sind verbunden und kommunizieren miteinander. Der digitale Geschichtenkosmos ist somit ein Supersystem von Systemen. Ja, sogar viel mehr als das: eine sich selbstschreibende Geschichte. Jede neue Geschichte (auch wenn sie in sich abgeschlossen ist), jede Interaktion (Marke, Mensch, Medium) und jede Erweiterung (Services, Technologien) trägt zum Geschichtenkosmos des Unternehmens bei (mehr zum Story-Kosmos in Kap. I).

Abb.8: Künftig bereichern Hologramme unser Leben.

User bestimmen die Auswahl

Das Besondere: Die User bestimmen, welche Bausteine sie in welcher Reihenfolge wählen: Möchten sie einen Text lesen? Ein Kurzvideo betrachten? Mitunter tun sie dies parallel. Auch die technologische Entwicklung ändert das User-Verhalten und den Erlebnisverlauf: Wir können eine Geschichte am Desktop erleben; auf unserem Tablet und unserem Smartphone bestimmen wir durch Schwenken und Schütteln die Handlung. Ein Beispiel hierfür ist die Geschichte von „Alice on the iPad" (http://bit.ly/1SRKOxl).

Weiterlesen

Mehr zum multimedialen Erzählen finden Sie bei Barbara Witte und Martin Ulrich (2014).

Kommunikation wird komplexer

Durch die Vernetzung von Geräten, Anwendungen und Inhalten findet die Kommunikation immer stärker medienübergreifend statt. Der User liest die Zeitung, nutzt parallel seinen Laptop und sein Smartphone. Und die Komplexität geht noch weiter: Der digitale Raum ist zunehmend mit dem Raum außerhalb digitaler Medien verbunden, zum Beispiel durch digitale Hinweisschilder und animierte Häuserwände im Stadtbild, wie sie in Berlin und New York zu finden sind. Folge: Planung und Einsatz unserer Mittel und Maßnahmen werden wesentlich komplexer. Hierfür sind besondere Kenntnisse und Fertigkeiten für die Mediaplanung, für Inszenierung und Dramatisierung von Inhalten erforderlich. Essenziell sind die genauen Kenntnisse der Wünsche unserer Bezugsgruppen an die Kommunikation mit uns, deren Mediennutzung sowie deren Anforderungen an die Gestaltung von Inhalten. Künftig wird es also darum gehen, unsere User anzuregen, unsere Inhalte in sozialen Netzwerken weiterzugeben.

B2 VERFÜGBARKEIT

Abb. 9: Geschichten jederzeit und überall.

Die Inhalte der Unternehmenskommunikation sind jederzeit und überall verfügbar. Cloud Computing ermöglicht die enge internationale und interdisziplinäre Zusammenarbeit von Teams; durch mobile Endgeräte ist das Arbeiten jederzeit und an jedem Ort möglich. Durch mobile Endgeräte wie Smartphones und Smartwatches erweitern sich die Möglichkeiten des digitalen Einkaufens über die eigenen vier Wände hinaus auf Bahnhöfe, Flughäfen, den Badestrand und andere Orte. Verfügbarkeit im Digital Storytelling bezieht sich auf

- **Zeit:** Die Unabhängigkeit von der Zeit ermöglicht den Abruf von Digital Storys rund um die Uhr (24/7).
- **Raum:** Jede Geschichte ist grundsätzlich an jedem Ort der Welt abrufbar, soweit die notwendige Technologie verfügbar ist.
- **Speicher:** Unbegrenzter Speicher ermöglicht das Erzählen digitaler Geschichten in beliebiger Breite und Tiefe. Material lässt sich beliebig bereitstellen und vom User downloaden (Videos, Podcasts etc.).

Lediglich die Bandbreite für den Abruf von großen Dateien und Streaming von Audio-Inhalten kann reduziert sein.

Mobile Storytelling

Smartphones, Tablets, Smartwatches: Mobile Endgeräte werden immer wichtiger: Der Bundesverband Informationswirtschaft, Telekommunikation und neue Medien schätzt die Zahl der Smartphone-Nutzer in Deutschland im Jahr 2021 auf 60,7 Millionen. Neue mobile Endgeräte kommen hinzu wie die Smartwatch und Wearables. Auch die Entwicklung zu Smart Living wird die weitere Ausbreitung unterstützen, wie wir es im Bereich Mobile Health sehen.

User können immer und überall E-Mails checken, im Internet surfen, Marken vergleichen und online Produkte bestellen. Zu Hause auf der Couch ersetzt das Tablet immer häufiger das klassische Notebook. Je nach Situation und Stimmung wählt der User sein Endgerät, die Anwendungen und die Geschichten.

Mobile Endgeräte begleiten den User durch seinen Tag – in der Eisenbahn, in der Vorlesung, sogar auf der Toilette. Im Gegensatz zu Laptop und PC ist das Smartphone im Alltag fast immer dabei, meist eingeschaltet und mit dem Internet verbunden.

Wir können dem User personalisierte, seinen Wünschen, Bedürfnissen und der Situation entsprechende Geschichten anbieten.

Die Verfügbarkeit ermöglicht uns eine grundsätzlich neue Art der Kommunikation, die in dynamischen Zeiten zum Standard wird: „Prozesskommunikation“: Sie hält unsere Bezugsgruppen auf dem Laufenden. Zum Beispiel können wir in einer Krise oder Katastrophe die Informationsstände aufzeigen und ermöglichen, den Verlauf der Krise zu verfolgen.

Hier zwei spezielle Formate, die wir für Mobiles Storytelling nutzen können:

- **Mobisodes:** Das Wort „Mobisode" setzt sich zusammen aus „mobile" und „episode". Mobisodes sind Video-Serien für mobile Endgeräte. Sie sind entweder extra für mobile Endgeräte hergestellt oder aus vorhandenem Material zusammengeschnitten und eventuell mit Zusatzmaterial angereichert, um den Reiz für den Download zu erhöhen.
- **Handyromane** stammen aus Japan. Die Inhalte sind meist trivial und reißerisch: Liebe, Sex, Drogen. Der typische Roman ist in kleine Einheiten aufgeteilt, die in drei bis vier Minuten zu lesen sind. Die Leser können Romane kommentieren und die Handlung beeinflussen. Das kleine Display erfordert kurze, einfache Sätze, Dialoge und Monologe. Smileys werden als Abkürzungen verwendet. Ausführliche Beschreibungen fehlen. Handyromane erscheinen als Einzelband, Serie oder auf WhatsApp.

Location Based Storytelling

„Location Based Storytelling" ist das ortsgebundene Erzählen von Geschichten. Beispiel: Der User ist an einem realen Ort, wo er in die Geschichte einsteigt und daran teilnimmt. Er muss etwas tun oder er lässt etwas geschehen. Sehr gut lässt sich dies mit Augmented Reality verbinden.

„Geocaching" steht für digitale Schnitzeljagd, auch „GPS-Schnitzeljagd" genannt. Die Verstecke, „Geocaches" genannt, sind anhand geografischer Koordinaten im Internet veröffentlicht und lassen sich anschließend mit einem GPS-Empfänger finden. Alternativ ist die Suche mit genauen Landkarten und Apps auf dem Smartphone möglich.

QR-Codes (Quick Response) sind Pixelquadrate, die verschlüsselte Botschaften hinterlassen auf Werbeplakaten, in Kochbüchern oder auf Lebensmitteln und über Smartphones decodiert werden können.

Abb. 10: QR-Codes können wichtige Informationslieferanten im Digital Storytelling sein.

Erklär-Videos können eine Geschichte unterstützen. Dies können z.B. selbstgezeichnete Clips im Look der Videos bei YouTube sein. Die Clips sind einzigartig und haben ihren eigenen Charme. Sie lassen sich mit Schere, Stift und Papier leicht selbst herstellen.

Abb. 11: Ein selbstproduziertes Erklär-Video.

Location Based Storytelling kann an einem bestimmten Ort stattfinden, zum Beispiel einem Platz oder einem Gebäude; es kann auch in einem Bezirk oder einer Stadt geschehen, also eher räumlich ausgedehnt. Die Geschichte könnte darin bestehen, dass der User einen Gegenstand in einem Stadtbezirk aufspüren soll, der für den weiteren Verlauf der Geschichte bedeutend ist. Gelungenes Beispiel für Location Based Storytelling sind SecretCityTrails (https://www.secretcitytrails.com/about-us).

Timetraveler ist eine App, die kurz vor dem 25-jährigen Jubiläum des Mauerfalls in Berlin entwickelt wurde. Diese App will die Geschichte der Teilung der deutschen Hauptstadt an realen Orten mit Zusatzinfos erlebbar zu machen. Sie bringt den User an Originalschauplätze wie die Bernauer Straße und sorgt mit Filmmaterial und Fotos aus der Vergangenheit für ein besonderes visuelles Erlebnis. Der User muss dabei nur die in der Karte markierten Orte in Berlin besuchen und das Handy wie beim Fotografieren in Richtung des Ortes richten. Die App erkennt den Ausschnitt und blendet die Videos und Fotos mit den historischen Zeitdokumenten ein (https://www.youtube.com/watch?v=CY9f6UJZlmM).

Also los: Lassen Sie Ihren User im Rahmen einer Geschichte durch Ihr Geschäft stöbern, bestimmte Orte ansteuern und Aufgaben lösen, um als Belohnung einen Rabatt zu erhalten. Sie können dies z.B. an einem Tag der offenen Tür tun.

Timeride (https://timeride.de) sind Zeitreisen in die einstigen Lebenswelten europäischer Städte. Mittels VR-Brillen und haptischer Feedbacksysteme taucht das Publikum in das Leben und Treiben der damaligen Zeit ein. Der Clou: Für die virtuelle Stadtrundfahrt nimmt der Besucher in einem realen Nachbau eines historischen Verkehrsmittels Platz.

Erzählen Sie Geschichten in Ihrem Schaufenster, womöglich durch einen Avatar, einen elektronischen Helfer, unterstützt. Beim Tag der offenen Tür erzählen mobile Geschichten im Foyer von der Gründung des Unternehmens, im Forschungslabor vom neuesten Produkt, in der Produktion von der herausragenden Qualität dieses Produkts.

Abb. 12: Digital Storytelling mit Avataren im Schaufenster.

Im Location Based Storytelling entwickelt der User selbst überall Geschichten – beim Arzt, in der U-Bahn, beim Warten auf das Flugzeug. Mit „Microtelling" kann er kurze Geschichten in zwei bis drei Sätzen bzw. 140 Zeichen texten.

Geschichten können sehr kurz sein

Sie denken, mit dem Handy und wenigen Worten lassen sich keine Geschichten erzählen? Wie ist es mit folgender Geschichte in Anlehnung an Fredric Brown (1949)?: „Der letzte Mensch auf der Erde saß allein in einem Zimmer. Es klopfte an der Tür."

Oder schauen Sie auf der Website Six Word Storys, wie sich mit wenigen Worten ein Geschichtenkosmos entfaltet. Eine Kostprobe: „Strangers. Friends. Best friends. Lovers. Strangers" (www.sixwordstories.net).

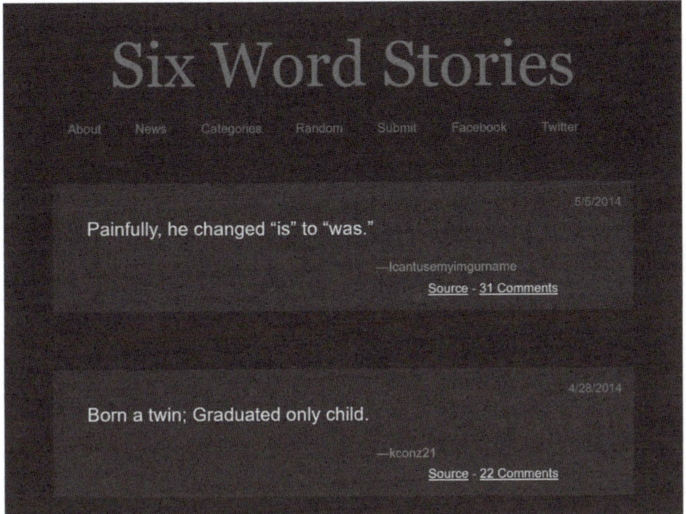

Abb. 13: Geschichten können sehr kurz sein.

Verfügbarkeit bedeutet auch, dass wir schneller reagieren müssen, um aktuell zu sein – vor allem in Social Media (siehe Kap. J). Unsere Bezugsgruppen erwarten heutzutage das schnelle und individuelle Eingehen auf Wünsche und Fragen, Aktualität und Transparenz über das Unternehmen und dessen Produkte und sogar die Beteiligung an neuen Produkten und der Kommunikation. Digitale Angebote müssen wir kurzfristig und schnell anpassen und in Inhalt und Gestaltung stets auf dem neuesten Stand halten. Dies hat Konsequenzen für unsere interne Organisation: Oft sind andere Prozesse erforderlich, andere Strukturen, Rollen und Verantwortlichkeiten. Sie sollten dies prüfen.

Situation Based Digital Storytelling

Die Herausforderung für das Mobile Storytelling ist, Wissen über die User in bestimmten Situationen zu gewinnen und die Erlebnisse, die diese gerade in dieser Situation haben möchten. Bisher setzt die Marktforschung hier auf messbares Verhalten wie die Klickzahl und die Verweildauer in E-Shops. Diese Daten geben zwar wichtige Aufschlüsse auf das beobachtete Verhalten: Welches Banner wird öfter geklickt? Wie lange brauchen die User, um ein Produkt zu bestellen? Jedoch fehlt das Wissen, warum Menschen in bestimmten Situationen so handeln und ob sie dies künftig wieder tun werden.

Probleme bei der Auswahl der Daten

Obwohl Unternehmen oft schon Terabytes an Daten über ihre Kunden gewonnen haben, nutzen sie diese wenig. Das Hauptproblem bei der Auswertung und Interpretation der Datenbestände liegt in der Auswahl, welche Informationen wichtig sind. Wie schaffen wir es also, Algorithmen zu programmieren, die live mit dem User interagieren und sein gerade Erlebtes beeinflussen und künftiges Erleben bestimmen? Hierfür sind qualitative, „verstehende" Informationen über die Situation erforderlich. Erste Ansätze gibt es bereits: Über die Webcam können User beobachtet werden: Fühlt er sich gelangweilt? Ist er aufgeregt?

In einer Dissertation an der Universität der Künste Berlin ist Daniel Godefroid (2012) der Frage nachgegangen, welchen Einfluss die mobile Online-Werbung auf die Kaufsituation und das Verhalten von Konsumenten hat. Auf einer der reichweitenstärksten mobilen Websites in Deutschland hat er mobile Werbung geschaltet und innerhalb von drei Monaten die Reaktionen in mehr als 700.000 Fällen ausgewertet. Ihn interessierte, welche Bedeutung die Entfernung eines Angebotes in einem Ladengeschäft, der Wochentag, die Tageszeit und die Restlaufzeit des Angebotes haben. Unter welchen

Umständen ist also ein Konsument bereit, in einer speziellen Situation ein ihm gemachtes Angebot wahrzunehmen und im Laden zu kaufen?

Einfluss auf das Kaufverhalten

Folgende Faktoren haben nach Godefroid Einfluss auf das Kaufverhalten:

- **Ort,** an dem sich der User befindet: zu Hause, Geschäft, Büro etc.
- **Soziale Umstände:** Sind andere Personen anwesend, die den User beeinflussen könnten wie Familie, Freunde etc.?
- **Zeit:** Dies kann die Tageszeit sein, der Wochentag, die Jahreszeit sowie der Zeitpunkt der Kommunikation, d.h. etwa die Frage, ob der User gerade unter Zeitdruck steht.
- **Ziele** des Users: Ist er auf der Suche nach einem passenden Geschenk für einen Bekannten oder kauft er für sich selbst?
- **Vorheriger Zustand/Erlebnisse,** die den User positiv oder negativ prägen.

Auf jeder Ebene kommen viele weitere Einzelfaktoren hinzu. Überdies können Situationen zeitlich instabil sein und sich fortlaufend ändern: Betritt ein User einen Apple-Store, kann er z.B. zufällig auf einen anderen User treffen. Was tun?

Die Lösung: Eingebaute Sensoren erfassen automatisch Situationsfaktoren eines Gesprächspartners, zum Beispiel dessen Stimmung. Der Markenmanager kann ihm dann seine Produkte oder Dienstleistungen gezielt und personalisiert per Smartphone anbieten.

Für Unternehmen und Organisationen bringt dies die Herausforderung mit sich, immer neues Wissen über die Bedürfnisse, Gefühle und Verhaltensweisen der Kunden und anderer wichtiger Bezugsgruppen in bestimmten Situationen zu generieren. Dies kann sich je nach Persönlichkeit des Users stark unterscheiden: Handelt es sich um einen eher auf Sicherheit bedachten Menschen, kann ihn in einzelnen Situationen das Risiko reizen. Ist er umgänglich, kann er unter Umständen auf Macht und Durchsetzung seiner Interessen in einem Konflikt mit dem Unternehmen bedacht sein.

Fazit

Mobile Storytelling und Location Based Storytelling tragen zum Erfolg des Digital Storytelling durch nahezu unbegrenzte Verfügbarkeit bei. Allerdings sollten wir besser verstehen lernen, wie der User sich in bestimmten Situationen fühlt und was er sich wünscht.

B3 VERNETZUNG

Vernetzung bedeutet, dass die Bausteine, also Geräte, Technologien, Dienste, Medienobjekte etc. untereinander verbunden sind und miteinander kommunizieren (Stichwort: Supersystem von Systemen; siehe ausführlich Kap. B1). Die Vernetzung online und offline hat in den vergangenen Jahren enorm zugenommen. Vier Beispiele:

- **Medienkonvergenz** bedeutet das Zusammenwachsen ursprünglich getrennter Disziplinen wie Print, TV, Radio, Digital.
- **Geräte und Technologien:** Menschen mailen mit dem Handy, mit dem Fernseher gehen sie ins Internet und mit dem World Wide Web hören sie Radio. Mobile Endgeräte wie Smartphones und Tablets eröffnen durch Apps und Dienste neue Anwendungsszenarien und Multi-Screen-Erlebnisse.
- **Soziale Netzwerke und Sharing-Plattformen** ermöglichen neue Formen der Kommunikation, in denen jeder Einzelne Inhalte abrufen, weiterleiten, bewerten, kommentieren und selbst erstellen kann (siehe Kap. B4).
- **Vernetzung online und offline:** Digitale Markenführung ist zunehmend mit dem Raum offline verbunden wie im Fall von Digital Signage im Unternehmen, digitalen Schautafeln an Häuserfassaden.

Durch die Vernetzung von Geräten, Anwendungen und Inhalten wird Storytelling immer stärker medienübergreifend. Beispiel Bahnfahrt: Reisende lesen im Zug nicht mehr nur Bücher, Zeitungen und Magazine, sondern sie nutzen ihren MP3-Player, ihr Smartphone, ihr Tablet, ihren E-Book-Reader und ihr Laptop. Digital Storytelling kann somit plattformunabhängig, komplex und stark vernetzt sein. Jedoch sind besondere Kenntnisse und Fertigkeiten für die Inszenierung und Dramatisierung von Inhalten gefordert (Digital Literacy; ausführlicher siehe Kap. L).

Vernetzung ist eine jener Eigenschaften, die wir für unser Digital Storytelling besonders gut nutzen können:

- **Inhalte in Medienobjekten:** Geschichten im YouTube-Video, auf einer Facebook-Site, in einem Fleet, auf Instagram und Snapchat. Durch Empfehlungen und Weiterschicken können sich Videos, Bilder und Podcasts schnell als „Virals" verbreiten.
- **Vernetzung von Anwendungen und Medienobjekten:** Eine Kampagne beginnt z.B. auf einer Facebook-Seite, setzt sich über Twitter fort und endet auf YouTube.
- **Vernetzte Inhalte online und offline:** Inhalte in digitalen Medien können mit Inhalten außerhalb digitaler Medien verbunden sein. Beispiel: Bieten Sie doch auf Ihrer Homepage die Basis einer spannenden, mitreißenden Geschichte. Lassen Sie die Charaktere in Videos auf YouTube die Geschichten weitererzählen, ergänzen Sie diese mit einem Bild auf Instagram, setzen dazu einen Tweet und lassen mit Snapchat geheime Botschaften verschicken.
- **Transmedia Storytelling:** Die Inhalte werden nach den Besonderheiten der Kanäle ausgewählt. Sie werden durch persönliche Kommunikation, in Print-Produkten sowie in digitalen Medien vermittelt. Im Unterschied zu Crossmedia Storytelling, das den gleichen Inhalt über verschiedene Kanäle schickt, besteht Transmedia Storytelling aus speziellen Bausteinen für jedes Medium – Twitter unterscheidet sich von Facebook, Pinterest von einem Wiki. Transmedia Storytelling nutzt die Vorzüge jedes Mediums, um den Mehrwert zu steigern.

Hypertext und Hypermedialität

Zur Vernetzung gehören „Hypertext" und „Hypermedialität". Im Hypertext sind Textbausteine miteinander verbunden. Während Digitales Storytelling vor einigen Jahren noch mit linearem Lauftext arbeitete, der über mehrere Webseiten lief, werden die Textbausteine zunehmend vernetzt mit weiteren Elementen: mit Grafiksymbolen, Videos und Audios. Heute spricht man daher auch von „Hypermedialität".

Durch Vernetzung können Sie Ihre Geschichten in Info-Häppchen zerlegen und im digitalen Geschichtenkosmos verteilen. Der User navigiert selbstständig durch das Angebot und entscheidet, was ihn persönlich interessiert – Beispiele sind Markenerlebnisse anderer Menschen, historische Rückblenden, Biografien zu Protagonisten der Marke, grafisch aufbereitete Hintergrundfakten, Umfrageergebnisse und Chronologien.

Der Nutzer springt im digitalen Geschichtenkosmos durch Hyperlinks zu jenen Inhalten, die ihn faszinieren: Er beginnt einen Text auf der Website zu lesen, zwischendurch schaut er sich ein Foto auf einer Plattform wie Instagram an, sieht ein YouTube-Video und kehrt zum Text zurück. Hierbei kann er Verlinkungen planlos verfolgen und sich treiben lassen, er kann Links zielgerichtet als Pfad anklicken oder er kann nach einem konkreten Inhalt suchen und hierbei einen Pfad vernachlässigen.

Vernetzung ermöglicht eine schnelle und starke Verbreitung, zum Beispiel durch virale Spots. Dies sind kleine Videosequenzen, die eine Markengeschichte enthalten und die User in ihren sozialen Netzwerken weitergeben. Ein Link im Video führt zur E-Commerce-Plattform oder zum E-Shop auf der Website, wo der User sofort bestellen kann.

Vernetzung als Prinzip

Schon Hypertext hat die nicht lineare Organisation ermöglicht – eines der wesentlichen Kennzeichen des Digital Storytelling:

- **Vernetzung von Plattformen:** Digitale Medien sind nicht *eine* Plattform, sondern sie verbinden Plattformen wie die eigene Website mit anderen Websites und Social-Media-Plattformen.
- **Vernetzung von Inhalten:** Informationen können verknüpft sein, egal wo diese sich befinden. Hyperlinks leiten den User zu den Inhalten, die ihn interessieren.
- **Vernetzung von Medien (Hypermedialität):** Über Informationen hinaus lassen sich auch Mediengattungen verknüpfen und simultan verwenden, wie z.B. Film, Ton, Bild, Animation, und Text (Multimedialität). So ermöglicht die Vernetzung von Informationen und Mediengattungen nicht nur die Ausdehnung der Reichweite, sondern auch eine Steigerung der Reichhaltigkeit der Kommunikation. Die Ansprache mehrerer Sinnesorgane intensiviert das Erlebnis unserer User.

Vernetzung ermöglicht Multimedialität: Innovationen werden in Texten erklärt, sind sichtbar auf Fotos, Grafiken, Ablaufschemata und interaktiven Infografiken, hörbar durch Audiofiles mit O-Tönen der Protagonisten, Geräuschen und Musik. Fortschrittsleisten zeigen dem User an, wie lange Videos und Audiofiles laufen und wo man sie gezielt ansteuern kann. Gelungene Beispiele für die Potenziale von Multimedia finden sich auf der Website der Agentur NorthKingdom (https://www.northkingdom.com).

Orientierung essenziell

Eine Herausforderung beim Vernetzen besteht für das Digital Storytelling darin, dass User ohne lineare Struktur die Orientierung verlieren: Beim Buch weiß der Leser, wo es beginnt und endet. In Digital Environments weiß er dies nicht. „Die Nutzer können auf dem Bildschirm immer nur einen kleinen Ausschnitt eines umfangreichen Dossiers sehen und müssen permanent entscheiden, wie tief oder breit sie sich informieren wollen, welchen Weg durch den Angebotsdschungel sie wählen" (Meier 2002: 259).

Da der Besucher sich immer wieder für einen Weg entscheiden muss, ist Orientierung essenziell für erfolgreiches Digital Storytelling. Der User soll ein klares Bild haben, welche Geschichten ihm das digitale Angebot bietet, wo er sie finden kann, wo er schon war und was er noch nicht gesehen hat. Daher sind Verständnis und nutzerfreundliche Umsetzung von nicht linearen Informationssystemen grundlegend (siehe Kap. F). Dies hat auch Auswirkungen auf die Rolle des Digital Storytellers: Er benötigt zusätzliche Skills des Geschichten-Erzählers im Hinblick auf Methodik und Struktur.

Folgen für die Mediaplanung

Durch die starke Vernetzung und den Austausch der User sind Reichweite und Kontaktzahl von Geschichten in der Mediaplanung schwer zu ermitteln: Woher soll der Mediaplaner wissen, an wie viele Freunde und Mitglieder eine Geschichte weitergeleitet wurde? Fest steht: Eine hohe Zahl an direkten Werbekontakten ist keine angemessene Kennzahl mehr, da gerade in der unkontrollierbaren Weitergabe von Geschichten die größten Potenziale stecken. Künftig wird es also darum gehen, unsere User anzuregen, unsere Geschichten in sozialen Netzwerken weiterzugeben. Anders ausgedrückt: Mediaplaner stoßen an, der Rest geschieht eigenständig durch Mund-zu-Mund-Propaganda.

Zu den weiteren Problemen bei der Berechnung von Reichweite und Kontakt in digitalen Medien gehört die Frage, ob aus einer Kontaktchance (Opportunity to Contact; OTC) tatsächlich ein Kontakt entstanden ist: Ein Banner auf einer Webseite muss nicht gesehen werden: Erfahrene User blicken nicht mehr dorthin (Banner Blindness). Page Views sind nicht automatisch realisierte Kontakte. Ein anderes Beispiel: Webseiten sind oft derart bunt aufgemacht, dass Banner von anderen Reizen auf der Website kannibalisiert werden. Fazit: Klassische Messgrößen der Mediaplanung müssen angepasst werden.

B4 INTERAKTIVITÄT

Eng verbunden mit der Integration und der Vernetzung ist die Interaktivität. Hier geht es um die Interaktion zwischen Mensch und Maschine sowie um die Interaktion zwischen einen oder mehreren Menschen untereinander. Bei der technischen Interaktivität reagieren die digitalen Medien auf den User; bei der persönlichen Interaktivität reden Menschen miteinander.

Abb. 14: Im Digital Storytelling werden gemeinsam Geschichten weitergesponnen.

Interaktivität ist gemeinsam mit der Vernetzung der wichtigste Unterschied zwischen Digital Storytelling und traditionellen Erzählweisen. Einige Beispiele:
Maschine-Maschine-Interaktion: Durch Integration und Vernetzung können sich Bausteine wie Geräte, Technologien aufgrund gemeinsamer Standards austauschen. Sie kommunizieren untereinander, wie im Fall des Transfers von Handy auf Laptop, auch wenn der User diese Interaktion auslöst.
Mensch-Maschine-Interaktion: Digitale Medien reagieren auf den User – dieser bestimmt Art, Inhalt, Zeitpunkt, Dauer, Folge und Häufigkeit seines Abrufs. Geschichten passt er seinen Interessen, Wünschen und Bedürfnissen an. Er wählt Bausteine wie Geräte, Technologien, Dienste und Medienobjekte. Im Scrollytelling sind Fotos und Videos, Audios und Texte zu einer Story zusammengefügt, die der User mit der Maus durchscrollen kann. Viele Beispiele finden sich auf https://stift-und-blog.de/scrollytelling-longstory-reportage-web-storytelling/
Maschine-Mensch-Interaktion: Aus wiederkehrenden Handlungen des Users lernen wir, was dieser mag und wie er sich verhält; dies ermöglicht uns, die Kommunikation auf seine Wünsche abzustimmen.

Schauen wir uns zunächst die Mensch-Maschine-Interaktion bzw. technische Interaktivität näher an.

Mensch-Maschine-Interaktion

Zur technischen Interaktivität gehört der Schieberegler, den der User selbsttätig bedienen und damit die Geschwindigkeit steuern kann. In der Kurztextgalerie klickt er sich ähnlich einer Bildergalerie von einem kurzen Textbaustein zum nächsten. Im 360-Grad-Panorama/3D-Foto kann er die Perspektive und Größe manuell ändern und nach Belieben durch Panoramabilder navigieren. Weitere Beispiele:

- **Kurztextgalerie:** Der Nutzer klickt sich wie bei einer Bildergalerie von einem kurzen Textbaustein zum nächsten.

- **Slideshow mit Audio-Elementen:** 360-Grad-Panorama/3D-Fotos, so dass der Nutzer die Perspektive und den Zoom manuell verändern und durch die Panoramabilder navigieren kann.
- **Bildergalerien** können Texte durch spannende Fotos ergänzen oder gleich die Geschichte nur mit Fotos und Bildtexten erzählen.
- **Audio-Slideshows** bieten zusätzlich zur Bildergalerie auch O-Töne von Protagonisten, passende Geräusche und Musik.
- **Gigapans** lassen den User in übergroße, hochauflösende Panorama-Bilder hineinzoomen und interessante Details näher betrachten.
- **Infinity-Fotos** setzen sich aus vielen Fotos zusammen. Der User kann durch Hinein- oder Hinauszoomen immer neue Motive entdecken. Das Magazin *National Geographic* setzt diese Foto-Form regelmäßig auf seiner Website ein und zeigt damit die Vielfalt der US-Nationalparks.
- **Mikrotexte:** Sie verweisen auf weitere Inhalte, wie einen Link-Titel und Kurzteaser zu weiteren Artikeltexten, Videos, Audios oder anderen Elementen, Kurzüberschriften für verknüpfte Artikeltexte, Zwischenüberschriften etc.
- **Interaktive Zeitleiste:** Der User kann beliebig über anklickbare Bilder- oder Zahlenreihen navigieren.
- **Multiperspektiven-Geschichte:** Inhalte sind inhaltlich und optisch gebündelt und nonlinear verbunden. Mehrere Perspektiven der Handelnden sind möglich.

Diese Anwendungen lassen sich einzeln oder kombiniert einsetzen. Das Projekt *Inheritance* des TV-Senders Frontline ist ein interaktiver, multimedialer Artikel über in verlorenes Notizbuch. Integriert sind Audio-Dateien, historische Dokumente lassen sich durchblättern und die User können entscheiden, welches Kapitel sie interessiert und worüber sie mehr erfahren möchten (http://apps.frontline.org/inheritance).

Chatbots werden wichtiger

Künftig werden Bots bzw. Chatbots) für den Dialog wichtiger werden. Bots (kurz für: Robots) sind textbasierte Dialogsysteme, die Kunden in allen Standardanfragen schneller und effizienter unterstützen können. Google arbeitet daran, die Chatbots mit einer eigenständigen Persönlichkeit auszustatten – der User wird also künftig mit seinem persönlichen Chatbot kommunizieren. Dieser lernt, immer intelligenter und individueller zu reagieren. Chatbots übernehmen die Funktion des persönlichen digitalen Assistenten. Viele Routine-Tätigkeiten werden durch den Einsatz von Chatbots überflüssig. Automatische Bots sind für die politische PR wichtig, weil sie politische Diskussionen in sozialen Netzwerken und damit Wahlen beeinflussen können. Social Bots sind kleine Programme, die sich im Netz automatisiert zu Wort melden. Sie nutzen dafür oft authentisch wirkende Nutzerprofile samt Fotos und sind auf den ersten Blick oft nicht als Absender automatisch generierter Nachrichten zu erkennen. Solche „Fake-Profile" sind tausendfach für wenig Geld zu kaufen. Sie lassen sich zentral fernsteuern und tragen Meinungen der Auftraggeber durch das Netz. Dies können Firmen sein, die Werbung für ihre Produkte platzieren wollen, aber auch Geheimdienste, Parteien, Politiker und deren Sympathisanten, die die öffentliche Meinung beeinflussen wollen. Beim Kurznachrichtendienst Twitter gibt es ungewöhnlich aktive Accounts, die Zehntausende Tweets verschicken. Experten schätzen, dass bis zu 20 Prozent der angeblichen Nutzer nur aus Software bestehen. Facebook geht von 15 Millionen Bot Accounts auf der eigenen Plattform aus.

Für aktive Nutzer

Digital Storytelling unterstützt den aktiven Nutzer, der nicht warten muss, bis etwas passiert, sondern der etwas passieren lassen kann. Beispiel: In einem virtuellen Rundgang durch das Unternehmen, der als Geschichte angelegt ist, wählt der User eine Rolle, zum Beispiel die des Kunden, Journalisten, Bewerbers, Investors. Dann entscheidet er sich für eine Bühne, zum Beispiel ein Labor in der Forschung und Entwicklung, ein Fließband in der Produktion oder ein Büro in der Verwaltung. Anschließend wählt er Handelnde, also den Forscher, Entwickler, den Produktionsmitarbeiter oder den Produktmanager.

Digital Storytelling bietet Geschichten zum Handeln. Inhalte, bei denen sich der User zurücklehnen kann (z.B. ein Video), können abwechseln mit Inhalten, bei denen der User aktiv seine Rezeption steuern muss (z.B. eine interaktive Grafik mit mehreren Ebenen). Mehr noch: Der User kann sogar die Inhalte der Geschichte beeinflussen.

Aus wiederkehrenden Handlungen des Users lernt der Computer, was dieser mag und wie er sich verhält, um die Geschichte auf den User abzustimmen – schon heute lassen sich Mimik, Gestik und Gefühle des Users feststellen und für den Verlauf der Geschichte berücksichtigen.

Interne Kommunikation

Ein Beispiel für Mensch-Maschine-Interaktion aus der internen Kommunikation: Ein deutsches Unternehmen für Telekommunikation agiert in einem sehr hart umkämpften und sehr dynamischen Markt. Die Unternehmensleitung muss entscheiden, was sich als richtig oder falsch erweist – dies ist schlicht das Grundprinzip unternehmerischen Handelns. Das Risiko besteht, dass falsch entschieden wird, weil die Grundannahmen nicht zutreffen oder sich der Wettbewerb zwischenzeitlich ändert. Ändert die Firmenleitung ihren Kurs, kommt dies bei den Beschäftigten oft so an, dass die Unternehmensleitung nicht weiß, was sie will. Wird sie dagegen das Handeln als Geschichte erzählen, kann die Geschäftsleitung Zusammenhänge verdeutlichen und erklären, warum das Unternehmen Entscheidungen zurücknehmen oder ändern muss.

Einige Vorschläge, wie das Digital Storytelling unterstützende Funktion haben könnte: Das Unternehmen könnte im Intranet

- Vergangenheit und die Gegenwart des Unternehmens anschaulich erzählen;
- die aktuellen Herausforderungen als Konflikt darstellen;
- Alternativen für das Handeln aufzeigen, die das Unternehmen im Wettbewerb hat – im Managementjargon „Strategien" genannt;
- die User Simulationen aufrufen lassen, welche Konsequenzen jede der Alternativen hätte;
- die Entscheidung der Firmenleitung aufzeigen und die Mitarbeitenden hierzu Fragen stellen und Stellung beziehen lassen.

Praxisbeispiel: Der Hobbit

Abb. 15: Der Geschichtenkosmos öffnet sich.

Google hatte vor dem zweiten Hobbit-Teil *Smaugs Einöde* ein neues Chrome-Experiment veröffentlicht: Google zeigte eine interaktive Landkarte von Mittelerde, in der User noch vor Kinostart in die geheimnisvolle Welt der Hobbits eintauchen konnten. Die Orte und Figuren wurden nach und nach freigeschaltet, um die Spannung aufrechtzuerhalten. Der Fan musste also nicht nach Neuseeland reisen, um Mittelerde kennenzulernen – er nutzte seinen Chrome Browser auf dem Desktop oder dem Smartphone.

Abb. 16: Jederzeit und überall Hobbits – App auf Endgeräten.

Die schwedische Agentur North Kingdom, die für Ihre innovativen und kreativen Kampagnen bekannt ist, hatte in Zusammenarbeit mit Google, Warner Bros., New Line Cinema, Pictures sowie Metro-Goldwyn Mayer Pictures kurz vor Start des dritten Hobbit-Teils nachgelegt: *Der Hobbit – Die Schlacht der fünf Heere*.

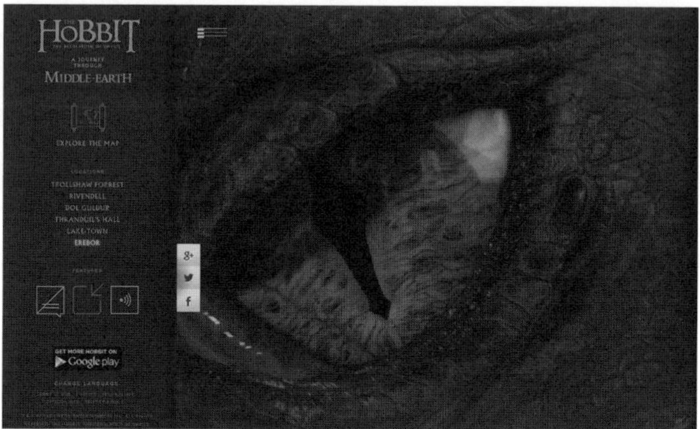

Abb. 17: Smaugs umherschweifendes Auge.

Während ein Jahr zuvor eine interaktive Karte zentraler Bestandteil war, konnte der User 2014 auf drei Wegen die Welt der Hobbits hautnah erleben:

- die 27 Orte entdecken;
- die Reise des Helden nachverfolgen;
- sich selbst ins Schlachtgetümmel werfen.

Zuerst ließ sich durch die Erweiterungen und Modifizierungen der App die gesamte Karte von Mittelerde interaktiv mit stark emotionalen Hintergrundinfos und Fotos erkunden und erleben.

Dann konnte sich der User mit dem Helden als seinem Gefährten auf den Weg machen und die Geschichte aus dessen Sicht miterleben.

Abb. 18: Der Überblick zählt – Karte von Mittelerde.

Abb. 19: Der Held kämpft, um seine Vision in einer besseren Welt zu leben.

Er konnte aus sechs Charakteren wählen, seine persönlichen Hintergrundinformationen zu Profil, Geburt, Rolle, Begegnungen, Herausforderungen erhalten sowie geografische Zusammenhänge seiner vollzogenen Reise erfahren.

Und schließlich gab es die Möglichkeit, sich selbst als Held gemeinsam mit den Freunden (Peer-to-Peer) in die Schlacht zu stürzen und den Kampf um Mittelerde mitzuentscheiden.

Abb. 20: Der Held muss seine Feinde auf dem Schlachtfeld besiegen.

Der User konnte zwischen fünf Schlachtfeldern wählen und gemeinsam mit den Menschen, Zwergen und Elben als Guter gegen das Böse kämpfen. Wer dies als zu brav empfand, konnte einen schlechten Charakter annehmen und Ork sein.

Abb. 21: Trolle, Elben und Orks sorgen für Spannung.

Mensch-Mensch-Interaktion

Mensch-Mensch-Interaktion umfasst jeglichen Austausch zwischen Menschen. Persönliche Interaktion ermöglicht, eine persönliche Beziehung zu wichtigen Bezugsgruppen aufzubauen. Dies ist für das Entstehen von Vertrauen essenziell und lädt das Unternehmen emotional auf. Nutzer können gemeinsam Geschichten entwickeln, teilen und kommentieren.

In digitalen Medien kommunizieren Menschen miteinander. Dadurch kann eine persönliche Beziehung entstehen oder wachsen – Grundlage wiederum für Vertrauen. Warum? Weil der Austausch das erlebte Risiko des Users verringert, von unserem Unternehmen enttäuscht zu werden. Aus Sicht des Gehirns ist Vertrauen das Gegenteil von Angst. Dies erreichen wir durch alle Maßnahmen, die Unsicherheit und Bedenken abbauen wie zum Beispiel klare Kommunikation, das Eingehen auf die User, Selbstverpflichtungen.

Interaktivität ermöglicht direkte Markenberatung vor, während und nach dem Kauf. Markenberatung ist eine der häufigsten Erwartungen von Online Shoppern – besonders im Tourismus, bei Finanzdienstleistungen und Versicherungen, Computern, Autos und Wellness. Die Beratung kann per E-Mail oder in einem Telefongespräch erfolgen.

Abb. 22: Gemeinsam Geschichten entwickeln.

Durch persönliche Interaktivität können wir früh Rückschlüsse auf Erlebniswünsche, Motive, Zufriedenheit und Aktivitäten ziehen. Digitale Monitoring Tools ermöglichen tagesaktuelle Marktforschung.

Im Digital Storytelling können unsere User individualisierte Geschichten erleben, selbst entwickeln, teilen und kommentieren. Die User können untereinander in Kontakt treten, Geschichten gemeinsam entwickeln und weitergeben. Sie äußern ihre Meinung, stellen Fragen. Sie können eine Nachricht an den Autor senden und Details anfordern, die in der Originalgeschichte nicht enthalten waren oder vorschlagen, wie die Geschichte weitergehen soll.

Mensch-Inhalt-Interaktion

Neu für die Unternehmenskommunikation ist, dass der User beim Storytelling in die Handlung eingreifen und sie mitgestalten kann – User werden selbst Medienmacher. Frage: Sucht sich der Nutzer seine Geschichte aus (Mensch-Maschine-Interaktion) oder erzählt er sie selbst (Mensch-Inhalt-Interaktion)?

Digitale Medien ermöglichen neue Erzählformen, indem sie Menschen und Inhalte miteinander vernetzen. Ein Beispiel wäre die Geschichte der Demokratie und ein Rundgang durch den Reichstag (eines unserer Studierenden-Projekte an der Universität der Künste Berlin):

- **Handelnde:** Der User könnte die Handelnden wählen, wie den Politiker (historisch oder aktuell), die Person, die durch den Reichstag führt, den Bürger.
- **Bühne:** Der User wählt die angebotene Bühne, zum Beispiel den Eingang zum Reichstag oder den Plenarsaal.
- **Handlung:** Der User könnte die vorhandene Geschichte ergänzen, er könnte seine Geschichte mit anderen Usern teilen oder an diese weiterleiten, die wiederum ihre eigene Geschichte mit ihren Erlebnissen ergänzen. Er könnte auch

eine völlig eigene Geschichte erzählen nach dem Motto: „Erzählen Sie Ihre Geschichte mit ..."

Eines der frühen Beispiele für die Einbeziehung von Internetnutzern liefert der Comic-Theoretiker Scott McCloud. In seinem Online-Comic-Projekt *Die Carl-Geschichte* stellte er auf einer Website zwei Comic-Bilder nebeneinander. Das erste Bild zeigt Carl, der seiner Mutter verspricht, dass er nüchtern mit dem Auto fahren und nichts trinken wird. Das zweite Bild zeigt den Grabstein mit der Aufschrift „R.I.P. Carl". McCloud ermunterte auf seiner Website, Vorschläge für die Geschichte zu senden. Bis 2001 folgten weit über 1.000 User seinem Aufruf. So entstand eine Comic-Wand, die Geschichten in Dutzenden sich kreuzender Pfade und Hunderten von Bildern sammelt. Diese Geschichte gilt als frühes Dokument des kollaborativen Erzählens im Web.

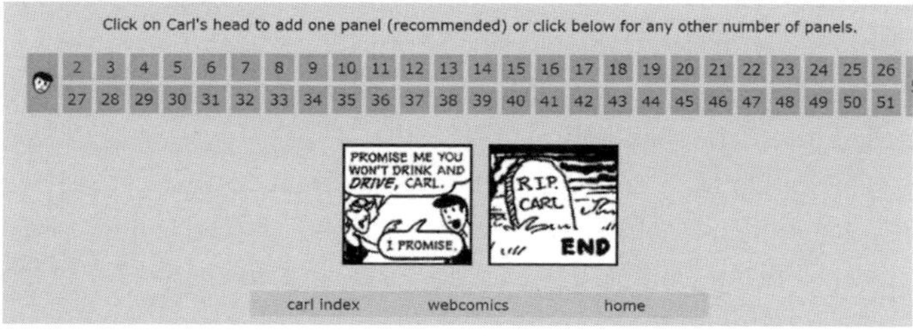

Abb. 23: User – Was steckt hinter der Carl-Story?

Eine weitere Form der Beteiligung ist die „Fanfiction" (vgl. Hellekson/Busse 2006). Dabei geht es um Beiträge, in denen Fans eines Films, eines Buches oder eines Computerspiels die Protagonisten in einer neuen Handlung darstellen. Bekanntestes Beispiel ist die Harry Potter Fanfiction.

Formen der Interaktivität

Wie könnte der Nutzer die Geschichte beeinflussen? Die beiden erzählerischen Pole im Digital Storytelling befinden sich auf Seite der Unternehmen oder der Nutzer. Der Beginn einer Geschichte kann vorgegeben sein, die Nutzer ergänzen sie oder erzählen sie sogar weiter. Sie können gemeinsam an einer Geschichte auf einer Plattform arbeiten, sie können außerhalb der digitalen Umgebung die Geschichte weiterentwickeln. Sie können die Geschichte völlig selbst schreiben – allein oder gemeinsam mit anderen Usern.

Wie auch die Beteiligung des Users aussieht. Das Generieren von Inhalten durch Nutzer (User Generated Content) sollte für den Nutzer emotional belohnend sein, zum Beispiel durch das Gemeinschaftserlebnis, das Gefühl der Stärke, das Gefühl der Entdeckung von Neuem oder durch das Freiheitsgefühl.

Nachteile von Interaktivität

Anzustreben ist möglichst viel Interaktivität: Je mehr Interaktivität, desto besser. Es gibt jedoch auch Gründe, Interaktivität einzuschränken:

- **Verhinderung des Flow-Erlebnisses:** Interaktivität kann das Eintauchen in die Geschichte bremsen bzw. verhindern. Beim Eintauchen in eine Geschichte kommt es auf den „Flow" an. „Flow" meint das völlige Aufgehen in einer glatt ablaufenden Tätigkeit. Interaktivität und Hypermedialität können das Eintauchen in die Geschichte behindern, wenn die Nutzer häufig über Orte, Personen und Handlungen entscheiden sollen.
- **Der Nutzer muss kein guter Autor sein:** Ein guter Story-Autor weiß, was eine Geschichte und was Spannung erzeugt. Aber weiß dies auch der Nutzer?

- **Entscheidungsgrundlagen:** Wie soll der Nutzer zwischen mehreren Optionen im Verlauf der Geschichte entscheiden, wenn er die Konsequenz dieser Entscheidung nicht kennt?

Diese und andere wichtigen Fragen (siehe ausführlich Kap. F4) wurden bisher kaum erforscht. Doch zeigt die Praxis, dass hier Vorsicht geboten ist. So informativ, spannend und interessant Digital Storytelling sein kann – es sollte bezugsgruppengemäß inszeniert sein. Geschichten sollten weder überfordern noch unterfordern.

Best Practice: Das Beispiel *Snow Fall*

Wie erzählen wir eine so starke, visuell beeindruckende Geschichte wie *Snow Fall – The Avalanche at Tunnel Creek* der *New York Times*? Wieso ist dies ein Meilenstein in der Geschichte des Digital Storytelling? Und heute noch immer ein Vorbild für jeden Erzähler?

Snow Fall erzählt von einer Gruppe aus 16 Ski- und Snowboardfahrern, die an einem sonnigen Februartag im Jahr 2012 zum Gipfel des Cowboy Mountain aufbrechen, um die traumhafte Abfahrt zu genießen. Der Entschluss dieser Gruppe, nicht durch das Skigebiet zu fahren, sondern über den Tunnel Creek, endet letztendlich im Tod.

Sobald wir die Website aufrufen, sind wir von der Magie des Storytelling gefesselt – wir sind sofort Teil dieser Geschichte. Wir befinden uns inmitten einer Schneelandschaft. Die gefühlte Stille lässt uns einerseits genießen, andererseits spüren wir die Gefahr, die von der Schneelandschaft ausgeht, und bekommen eine *Gänsehaut*.

Die Initiale am Anfang des Artikels sowie die passende Schrift erinnern an ein altes Buch, einen wertvollen Schatz mit einer magischen Geschichte, die wir hüten, aber jedem erzählen möchten. Wir scheinen in der Lage, sie in einem realen Buch zu lesen. Obwohl die Geschichte online erzählt ist, werden wir haptisch angesprochen – spätestens jetzt wollen wir weiterlesen. Immer tiefer tauchen wir in die Geschichte ein. Ein Video stellt uns den Protagonisten und seine Erlebnisse vor, Bilder mit Beschreibungen folgen. Der Artikel endet mit einer Wetterkarte, die uns den Aufbau des Schneesturms mitverfolgen lässt – drei Tage zuvor bis zum Unglückstag. Wir sind dabei. Wir nehmen an der spektakulären Reise mit allen ihren Facetten teil und erleben sie selbst – ein Paradebeispiel des Storytelling.

Wieso dieser Erfolg?

Nie zuvor hatte jemand so hervorragend Medienformate wie Text, Video, Audio und Bild miteinander verbunden. Hierbei übernehmen die jeweiligen Medien die Erzählstruktur sowie die Erzählperspektive. Was wir damit meinen? Während Sie diesen Text lesen, entstehen innere Bilder vor Ihrem geistigen Auge und Sie können sich jederzeit die Situation der Gruppe vorstellen. Die Videos, Bilder und Stimmen lassen uns die Geschichte miterleben. Bildhafte, bewegungsnahe Texte untermauern und stärken unser multisensorische Erlebnis – *Snow Fall* lässt uns die Magie der Geschichte miterleben. Nicht verwunderlich, dass Unternehmen, Verlage, Journalisten, Blogger, Plugin-Programmierer auf die Geschichte aufspringen und seither versuchen, sie zu kopieren und zu verbessern. Dieses Beispiel ist nicht nur für Journalisten interessant – es bietet jedem Unternehmen Potenzial, seine Marken erlebbar zu machen.

Potenziale des Digital Storytelling

Integration

- **Plattform:** Unser Corporate Storytelling kann Geschichten aus Public Relations, Werbung und Verkaufsförderung miteinander verinden.
- **Multimedialität:** Wir können Texte mit Bildern, Audio und Video kombinieren.
- **Dienste:** Wir können E-Mails, Standortdienste etc. einbetten.

- **Technologien** wie QR, Augmented und Virtual Reality.
- **Anwendungen** wie Such- und Standortdienste.
- **Medienobjekte** wie ein YouTube-Video und ein Post auf Facebook.

Verfügbarkeit

- **Raum:** Geschichten sind weltweit abrufbar, unabhängig vom Ort.
- **Zeit:** Geschichten sind rund um die Uhr verfügbar (24/7).
- **Speicher:** Durch grenzenlosen Speicher können wir unsere Geschichten in beliebiger Breite und Tiefe erzählen.

Vernetzung

- **Inhalte:** Wir können Inhalte auf einer Page, auf mehreren Pages und externen Pages verbinden.
- **Endgeräte:** Unsere Website vernetzen wir mit mobilen Endgeräten wie dem Smartphone, der Mobile Watch und auch Multiscreens bei Veranstaltungen.
- **Technologien:** Geschichten erzählen wir durch den kombinierten Einsatz von QR-Codes, Bluetooth, Augmented Reality und Virtual Reality.

Interaktivität

- **Technisch:** Der Austausch findet statt zwischen der Website und dem User, zum Beispiel durch Mausklicks.
- **Persönlich:** User können sich über die Geschichten austauschen.
- **Inhaltlich:** User können die Geschichte beeinflussen, selbst eine Geschichte erzählen und die Geschichte eines anderen Users aufgreifen und weiterentwickeln.

Weiterlesen

Mehr zu den Besonderheiten des Digital Storytelling können Sie bei Bryan Alexander (2017) nachlesen.

B5 EINIGE SPEZIELLE FORMATE

Webserien

Eine „Webserie“ ist eine Serie von Webvideos. Einzelne Episoden werden als „Webisode“ bezeichnet. Charakteristisch sind kurze Folgen und die Möglichkeit, ins Gespräch mit den Produzenten und den Protagonisten zu kommen. Die einzelnen Folgen lassen sich herunterladen oder streamen. In der Unternehmenskommunikation können wir Webserien nutzen, um auf dieser Plattform Geschichten über unsere Produkte und Dienstleistungen zu erzählen. Wir können auch in bekannten Webserien mit einer Produktplatzierung oder mit Sponsoring dabei sein.

Regeln für Webserien

- Maximal 5 Minuten lang
- Maximal 5 Charaktere
- 1 Location

Nutzer können zuschauen, sie können auch in die Handlung eingreifen und mit dem fiktiven Protagonisten kommunizieren. Andere Webserien binden User Generated Content ein oder ermöglichen, dass User die Handlung beeinflussen.

Abb. 24: Mit Geschichten macht das E-Learning Spaß.

Podcasts

Sehr gut für unsere Geschichten geeignet sind „Podcasts“. Dies sind Audio- und Videobeiträge im Internet, die meist 30 bis 45 Minuten dauern. Der Begriff setzt sich zusammen aus „Pod“ (Play on Demand) und „cast“, abgekürzt vom Begriff „Broadcast“ (Rundfunk). Podcasts können einfach produziert oder auch sehr aufwendig gemacht sein. Sie lassen sich als Video-Podcast und Audio-Podcast umsetzen.

Die Zahl der Podcasts ist in den letzten Jahren enorm gestiegen. Für den Nutzer wird es immer schwerer sich zu orientieren. Zu den Streaming-Plattformen gehören der Google Podcast (https://podcasts.google.com/) und Spotify (https://www.spotify.com).

Beispiel Spotify: Der Audio-Streaming-Abonnementdienst Spotify wurde 2006 ins Leben gerufen. Im Juni 2021 gab es 345 Millionen aktive Nutzer. Neben Musik finden sich dort Videos, Hörbücher und Podcasts, was den Dienst für unser Digital Storytelling attraktiv macht.

Nutzer können sich auf Spotify nicht nur gegenseitig folgen, vielmehr ist das Spotify-Konto mit Profilen bei Facebook und Twitter verknüpfbar. So können auch andere User die eigenen Playlisten einsehen und folgen. Für unser Digital Storytelling ist auch interessant, dort und auf anderen Audio-Plattformen wie iTunes, Deezer, Stitcher, SoundCloud, Google Podcasts, Amazon Alexa etc. unseren eigenen Podcast veröffentlichen zu können.

Vorteile sind die einfache Erstellung eines Profils und die Nutzerfreundlichkeit der Plattform. Das Umfeld ist durch ein umfangreiches und hochwertiges Angeboten gekennzeichnet. Nachteilig kann die Größe des Angebots an Podcasts sein – gute Werbung mit Verweisen auf die Geschichten bei Spotify ist deshalb hier wichtig.

E-Learning

Für das mit dem Unternehmen verbundene Wissen kann die Weiterbildung über das Internet wichtig sein. Webinare und Online-Kurse sind hervorragende Möglichkeiten, Wissen zu vermitteln und die Bezugsgruppen einzubeziehen.

Abb. 25: Weiterbildung mit Storytelling.

Neben Webinaren bieten sich sogenannte „MOOCs" an. MOOC ist die Abkürzung von „Massive Open Online Course" und meint breitentaugliche Weiterbildung im Internet. Entstanden sind sie in den USA, um die Universitäten auch für Nichtakademiker zu öffnen. Mittlerweile gibt es viele Anbieter auf dem Markt – Themen und Qualität der Anbieter schwanken allerdings stark. MOOCs sind eine hervorragende Möglichkeit, das Unternehmen in seinen Kompetenzfeldern zu präsentieren und neue Zugangsmöglichkeiten zu Usern zu erhalten.

GESCHICHTEN ALS ERLEBNIS

C1 STARKES WIRKPOTENZIAL

Wissenschaft und Praxis sind sich einig, dass Kommunikation und damit unser Storytelling am besten wirken, wenn sie starke und einzigartig attraktive Erlebnisse auslösen. Digital Storytelling sollte ein umfassendes Gesamterlebnis in den Köpfen der User auslösen. Digitale Geschichten wirken so stark, weil sie daran anknüpfen, wie unser Gehirn Informationen aufnimmt, verarbeitet, speichert und abruft: Digitale Geschichten sind bildhaft, bewegungsnah und anschaulich.

Wie hängen Erlebnisse und Entscheidungen unserer Bezugsgruppen zusammen? Wenn wir handeln, wollen wir Schlechtes meiden – „Nein, lass das!" – und Gutes erleben: „Ja, tue das!". Stehen Menschen vor einer Entscheidung, prüfen sie die möglichen Alternativen, welche ihnen das stärkste und beste Erlebnis bieten wird. Dieser Vergleich geschieht parallel und unbewusst. O2 oder Telekom? Mehr noch: Menschen stellen sich das zu erwartende Erlebnis selbst körperlich vor, um das Risiko zu meiden, eine falsche Entscheidung zu treffen: Sie schreien selbst vor Glück (Zalando) und stellen sich beim Anblick der Magnum-Anzeige vor, krachend in die Schokolade zu beißen: „Jedes Mal, wenn eine Handlung geplant oder realisiert wird, treten im Gehirn Nervenzellennetze in Aktion, die registrieren, wie sich ihre Umsetzung in die Tat körperlich anfühlen würde" (Bauer 2005: 41).

Geschichten erzählen deshalb von Menschen, die auf einer Bühne handeln wie den Tropen, der Bergwelt oder im Forschungslabor. Sie zeigen, wie sich Menschen vor Schaden schützen können oder wie es ihnen besser geht. Stärker wirken diese Kernelemente, wenn wir an Gelerntes anknüpfen und auf mentale Modelle zugreifen von typischen Figuren wie Helden, Feen und Weisen, Handlungen wie die Grundsteinlegung und Orten wie der Wilde Westen. Die Moral von der Geschichte bleibt meist gleich: Das Böse wird am Ende gut, der Arme wird reich, das hässliche Entlein wird zum schönen Schwan – egal ob als Elisa Doolittle in *My Fair Lady* oder Julia Roberts in *Pretty Woman*.

Jenes Unternehmen, das uns das stärkste Erlebnis verspricht, bevorzugen wir. Menschen entscheiden sich daher für jene Unternehmen, die einzigartig attraktive Erlebnisse auslösen wie z.B. BMW, Porsche oder Volvo. Aber auch klein- und mittelständische Unternehmen werden von ihren Kunden geliebt, von Journalisten geschätzt und von Geldgebern hofiert.

Geschichten sind für uns Menschen so wichtig, dass wir eigene Gedächtnissysteme haben, in denen wir Erlebnisse und Geschichten aus unserem Lebens ablegen. Unser „episodisch-autobiografisches Gedächtnis" verfügt im Zusammenspiel mit weiteren Gehirnarealen über enorme Kapazitäten, damit wir bei Entscheidungen auf diesen Erfahrungsschatz zugreifen können.

Wichtig zu wissen: Wir speichern die Gefühle, die Erlebnisse und Geschichten in uns auslösen – egal ob das Erlebte gut oder schlecht für uns war und ob wir körperlich darauf reagiert haben. Dies liefert uns wichtige Hinweise, ob wir die Erfahrung wiederholen oder vermeiden wollen. Das Ziel in der Unternehmenskommunikation ist daher, unser Unternehmen durch positive Geschichten als Erlebnisse samt aller sensorischen Eindrücke im episodischen Gedächtnis unserer User zu verankern.

Erfolgreiche Unternehmen mit erfolgreichen Geschichten wecken viele starke Gefühle, sie zeigen wirkungsvolle Bilder, lassen Bühnen entstehen und Menschen hautnah erleben. All dies berührt uns. Wenn ich schon nicht im realen Leben mit Excalibur die Welt retten kann, dann lasst es mich doch gemeinsam mit dem Helden machen!

Der Besitzer eines kleinen, leckeren Imbisses in unserer Nachbarschaft hat entschieden, seinen Kunden Geschichten anzubieten. Seitdem wechseln diese jede Woche – es ist pures Erlebnis. Beispiel gefällig? Handwerker, Frisöre, Fahrradfahrer – dem Imbissbesitzer fiel auf, dass viele von ihnen keinen Helm aufsetzen, ohne Licht im Dunkeln fahren und die Verkehrsregeln missachten. „Ich unternehme was dagegen und tue was für sie", dachte er sich. So erstellte er digitale Whiteboards und bot 20 Prozent Rabatt für Fahrradfahrer an, die einen Helm tragen, ihr Licht anschalten und an der Ampel stehen bleiben. Er malte Geschichten und schrieb Texte. Als wir die ersten Fahrradfahrer mit Helm und angeschaltetem Licht sahen, wartend auf die grüne Ampel, waren wir sehr angenehm überrascht. Innerhalb kürzester Zeit schaffte der Mann es, mit seinen Geschichten das Verhalten der Fahrradfahrer zu ändern – mit Rabatt für ihren nächsten Imbiss.

Digital Storytelling kann starke Erlebnisse bei Menschen hervorrufen. Hierzu wollen wir einige aktuelle Forschungsergebnisse vorstellen.

Erlebnisse als wichtiger Teil des Alltags

Erlebnisse sind ein wichtiger Teil unseres Alltags und Lebens. Wir neigen dazu, den Alltag als gewöhnlich und langweilig zu empfinden. Unbewusst erleben wir jedoch täglich ein Feuerwerk von starken und sogar widersprüchlichen Gefühlen und Geschichten: In unserem Unbewussten wird gekämpft, getötet, überwältigt. Kein Tag vergeht, ohne dass wir Schmerz, Liebe, Trauer, Neid, Enttäuschung, Wut und Ärger empfunden haben. Der tägliche Klatsch ist gespeist aus Neid und Hass. Unbewusst erleben wir Heldengeschichten, Liebesgeschichten, Geschichten von Erfolg und Scheitern. Der Filmpsychologe Dirk Blothner schreibt: „Das Leben ist so witzig wie eine Komödie und so erschütternd wie ein Drama. Es ist so spannend wie ein Thriller, so ungeheuerlich wie ein Horrorfilm und so wunderbar wie ein Liebesfilm mit Happy-End. Aber es gibt sein Geheimnis nicht gern preis. Es ist vielleicht das einzige ‚Unternehmen', das wir auch dann über Jahrzehnte führen können, wenn wir seine Regeln nicht kennen" (Blothner: 2003: 9).

C2 ERLEBNISSE UND ENTSCHEIDUNGEN VON BEZUGS-GRUPPEN

An dieses Feuerwerk sollte unser Digital Storytelling anknüpfen. Die gute Geschichte setzt unbewusst einen einzigartigen Seelenbetrieb in Gang – die Handlung findet Eingang in die Erlebniswelt der User. Technik spielt keine entscheidende Rolle – was zählt, sind die Erlebnisse, die wir im User auslösen.

User lieben Geschichten, die ihnen ein außergewöhnliches und intensives Erlebnis ermöglichen, das an ihre Person, ihr Leben und ihre Gefühle anknüpft. Der Begriff „Gefühle" steht hier als Oberbegriff für Affekte, Emotionen und Stimmungen. Erlebnisse sind Bündel von Gefühlen.

Wie wichtig Erlebnisse für unsere Kommunikation ist, zeigen folgende drei Beispiele:

- **Der Journalist** möchte sich auf gesicherte, belegbare Fakten auf Basis einer guten, vertrauensvollen Beziehung zum Unternehmen verlassen können; er sucht Anregendes und braucht Neuigkeiten als Grundlage seiner journalistischen Arbeit. Vielleicht ist ihm auch ein Exklusivbericht wichtig, um seine Karriere zu fördern. Sicherheit, Anregung und Macht. Das ist der Mix aus Gefühlen, der sein Denken, Fühlen und Handeln bestimmt – und seine Entscheidungen, an welches Unternehmen er sich wendet.

- **Ein qualifizierter Stellensuchender** möchte einen sicheren Arbeitsplatz in einem guten Betriebsklima. Die Arbeit soll interessant und spannend sein und beruflichen Aufstieg ermöglichen. Ein Bündel von Gefühlen, mit dem dieser an die Bewerbung bei einem Unternehmen herangeht.
- **Ein Investor** erwartet gewisse Sicherheiten bei seiner Geldanlage, er sucht jedoch auch eine neue Form, sein Geld zu investieren und er möchte eine hohe Rendite erzielen. Er wird das Unternehmen zu allen diesen Punkten befragen, um sich ein klares Bild vom Angebot zu machen. Hat er ein gutes Gesamtgefühl, erlebt er das Unternehmen als stimmig und wird in die Aktie investieren.

Die drei Beispiele zeigen, dass wir anhand von Fakten entscheiden und dass aber auch Gefühle eine wichtige Rolle spielen. Körpergefühle wie das Prickeln im Bauch oder der wohlige Schauer über dem Rücken sind bei Entscheidungsfindungen nicht zu unterschätzen.

Bieten wir also mehr als reine Fakten: Bieten wir Erlebnisse und verankern wir diese in unserem Unternehmen, damit unsere Bezugsgruppen eine starke, langfristige Beziehung mit uns aufbauen und uns anderen Unternehmen vorziehen.

In den vergangenen Jahren ist die erlebnisorientierte Ansprache für die Unternehmenskommunikation enorm wichtig geworden:

- **Markt:** Produkte sind objektiv austauschbar geworden. Qualität setzen Konsumenten als selbstverständlich voraus – die Stiftung Warentest bewertet derzeit 90 Prozent aller Produkte mit dem Testurteil „gut". Die Folge ist, dass sich Konsumenten immer weniger für die Produkte interessieren – Anzeigen beachten sie nur noch zwei Sekunden, ein Plakat eine Sekunde. Marken lassen sich nur noch anhand ihrer Erlebnisprofile unterscheiden, wie das Beispiel Autoindustrie zeigt.

- **Unternehmen:** In den vergangenen Jahren hat für die meisten Mitarbeiter die Belastung in der Arbeitslast enorm zugenommen, aber nicht der Spaß an der Arbeit. Die Studie Engagement Index 2020 von Gallup zeigt, dass sich nur 17 Prozent der Arbeitnehmer stark an ihr Unternehmen gebunden fühlen, 68 Prozent gering und 15 Prozent überhaupt nicht. Eindrucksvolle und bessere Erlebnisse für Mitarbeiter können dazu beitragen, dass sich diese stärker mit dem Unternehmen identifizieren und zufriedener sind.
- **Gesellschaft:** Die Bedeutung von Werten hat sich verschoben. Waren früher Disziplin und Entsagung sehr wichtig, zählen heute mehr Spaß, Sport, Reisen und Wellness. „Erlebnis" ist das Schlüsselwort in der Freizeitforschung, stellt der Freizeitforscher Horst Opaschowski in seinem Buch *Erlebniswelten im Zeitalter der Eventkultur* fest.

Insgesamt scheint es essenziell für den Erfolg unserer Kommunikation zu sein, ein einzigartiges Erlebnisprofil zu den Bezugsgruppen aufzubauen. Grundsätzlich gilt: Je erlebnisreicher unser Unternehmen, desto besser lernen und desto schneller und gezielter handeln unsere Bezugsgruppen: „Biete mit Deinem Angebot emotionale Erlebnisse und Erfahrungen, die einen attraktiveren Beitrag zum Lebensstil der Abnehmer leisten als die Konkurrenzangebote" (Kroeber-Riel/Esch 2011: 120).

C3 GESCHICHTEN ALS EIGENE ERFAHRUNGEN

Zu den faszinierenden Wirkungen im Digital Storytelling gehört, dass User unsere Geschichten als eigene Erfahrungen abspeichern – vorausgesetzt, sie erleben die damit verbundenen Gefühle und Körperreaktionen: „[…] when people are being told a story, the language processing areas of the brain are activated along with other sensory areas being used to experience the story. In this case, it was the primary olfactory cortex that lit up when hearing words associated with odour, such as ‚perfume' and ‚coffee'. In the same vein, Véronique Boulenger, a cognitive scientist at the Laboratory of Language Dynamics in France, concluded that sentences containing action caused activity in the motor cortex, which coordinates the body's movements, after participants were scanned as they read sentences like ‚Pablo kicked the ball'. Through these studies and others, it can be concluded that the human brain does not distinguish between reading or hearing a story and experiencing it in real life. In both cases, the same neurological regions are activated" (Rush 2014).

Wie ist dies zu erklären? Erlebnisse speichert das Gehirn mit dem Wissen darüber ab,

- was geschehen ist (kognitiv),
- welche Gefühle damit verbunden sind (affektiv),
- wie sich das Erlebnis körperlich angefühlt hat (somatisch).

Erleben Menschen Geschichten und Bilder, dann können sie dies als eigene Erfahrungen speichern. Das ist sehr sinnvoll, denn so können Menschen aus Erfahrungen anderer lernen, ohne diese selbst machen zu müssen, was besonders bei negativen Erlebnissen hilfreich ist.

Voraussetzung für das Lernen durch andere ist, dass wir Bilder und Geschichten tatsächlich fühlen, körperlich erleben sowie positiv oder negativ speichern. Je stärker das Erlebnis, desto höher die Wahrscheinlichkeit, dass wir es speichern. Langweilige Geschichten lassen uns kalt und werden schnell vergessen.

Inszenierung in allen Touchpoints

User können also unser Unternehmen und dessen Digital Storytelling erleben, spüren, sich mit uns und anderen Usern austauschen, ein umfassendes Erlebnis genießen. Somit stehen wir vor der größten Herausforderung, ein umfassendes Erlebnisprofil aufzubauen und über alle Unternehmensbereiche und Touchpoints zu ermöglichen.

Das Besondere im Digital Storytelling: Hier erhalten Mitarbeiter, Kunden, Journalisten selbst eine Rolle in der Geschichte und erleben unser Unternehmen nicht mehr nur, sondern sind Teil davon. Der User wird zum Experiencer. Vorbei sind die Zeiten des klassischen Storytelling – lassen wir die Bezugsgruppen aktiv nach deren eigenen Wünschen miterleben!

C4 SUPERDIMENSION DER WIRKUNG: KLARHEIT

Forscher sind stets auf der Suche nach Dimensionen, die besonders wichtig sind für das Gelingen von Kommunikation. Eine dieser „Superdimensionen" ist die Klarheit, in der englischen Sprache „vividness" genannt: Wie klar und deutlich ist mein Bild des Unternehmens? Was macht es einzigartig? Viele Studien zeigen: Je klarer das Image, desto schneller und gezielter können Menschen entscheiden. Die Klarheit wird übrigens oft als „Transparenz" bezeichnet, ohne zu beachten, dass Transparenz der Weg zum klaren Bild als Ergebnis ist. Kernziel unseres Digital Storytelling ist es daher, Klarheit herzustellen: Was genau meinen wir, wenn wir von Innovationen sprechen? Warum ist sie wichtig für unser Unternehmen und unsere Mitarbeiter, unsere Kunden und Geldgeber? Hilft sie ihnen, Schaden zu vermeiden und Wohlbefinden zu erreichen?

Besonders verhaltenswirksam im Digital Storytelling sind die Bilder, die spontan vor dem inneren Auge der User entstehen, wenn diese an unser Unternehmen und dessen digitale Geschichten denken. Die Bedeutung dieser inneren Bilder (Mental Images) bringt Hirnforscher Ernst Pöppel (2008) gut auf den Punkt. Er schreibt, dass wir das bild- und episodische Gedächtnis erreichen müssen, damit sich das Handeln der Menschen ändert. Viele Studien belegen, wie verhaltenswirksam innere Bilder sind. Aufgrund attraktiver innerer Bilder des Unternehmens sind die Mitarbeiter bereit, den Wandel durch Change-Projekte zu unterstützen. Kunden sind so bereit, deutlich mehr Geld auszugeben – für Bleiglas von Swarovski beispielsweise das 29-fache verglichen mit dem Bleiglas von WMF. Geldgeber lassen sich von digitalen Erfolgsgeschichten begeistern; Journalisten berichten über jene Unternehmen, die ihnen interessante Geschichten und Bilder bieten.

C5 SPEICHERUNG VON GESCHICHTEN

Forscher untersuchen schon lange, wie wir Menschen unsere Erlebnisse speichern, in welchen Archiven wie diese ablegen und von dort abrufen, wenn wir sie erzählen. Zu diesen Forschern zählt der Nobelpreisträger Daniel Kahneman. Der Psychologe wollte wissen, wie sich Menschen an schmerzhafte Erlebnisse erinnern. Er ließ hierzu Patienten nach einer Darmspiegelung die Stärke ihres Schmerzes während des gesamten Eingriffs bewerten. Überraschung: Sie ignorierten bei ihrem Urteil die Länge des Eingriffs. Kahneman sagt in einem Spiegel-Interview (Dworschak/Grolle 2012): „Die Befunde sind eindeutig [...] In einigen Fällen baten wir die Ärzte, nach Abschluss der Behandlung noch eine Weile zu warten, bis sie den Patienten den Schlauch herauszogen. Für diese Gruppe verlängerte sich also die unangenehme Prozedur – und doch verbesserte das sehr deutlich ihre Bewertung. Viele andere Experimente kamen zu ähnlichen Ergebnissen. Mal hatten die Teilnehmer Lärm zu erdulden, mal mussten sie die Hand in kaltes Wasser halten. Ihnen ist durchaus klar, dass die Schmerzen verschieden lang andauerten, es handelt sich also nicht um eine Gedächtnisschwäche; ihre Erinnerung ist korrekt. Wie sie das Erlebte bewerten, hat mit der Dauer dennoch nichts zu tun."

Womit dann? Die Studie zeigt, dass die Patienten ihre Erinnerung als Durchschnittswert aus dem intensivsten und dem letzten Moment angaben. Erfahrung definiert also, wie bei guten Geschichten, die Momente des Umbruchs und die Enden, sagt Kahneman. Er erklärt dies so: „Jedes Erlebnis bekommt im Gedächtnis eine Bewertung angeheftet: gut, schlimm, noch schlimmer. Und die ist unabhängig von der Dauer. Nur zwei Dinge sind entscheidend: Was waren die Höhepunkte, also die schlimmsten oder, je nachdem, die großartigsten Momente? Und wie ging es aus, wie war das Ende?" (Dworschak/Grolle 2012).

Zwei Patienten, die während ihrer Darmspiegelung den gleichen Schmerz empfanden, könnten diesen im Nachhinein also völlig unterschiedlich bewerten, je nachdem wie schmerzhaft der letzte und schlimmste Moment des Eingriffs war. Dieses Prinzip wird als „Peak-End" bezeichnet und lässt sich auch auf andere Erlebnisse übertragen.

Eigentlich sind diese Ergebnisse nicht verwunderlich: Das Gehirn liebt intensive, stark emotionale Momente (Gefühle sind Lernturbo). Alles was gute Gefühle beschert, sollte sich der Mensch möglichst gut merken. Eine Party bleibt nicht deshalb in Erinnerung, weil sie besonders lange gedauert hat, sondern welche Höhepunkte sie hatte.

Jüngste Erinnerungen sind besonders frisch im Gedächtnis. Die Forschung bezeichnet diesen Vorgang als „Bekanntheits-Heuristik": Das Gehirn greift auf das zuletzt Erlebte zurück. Das Gedächtnis liebt Schluss-Szenen – egal was wir wahrnehmen, stets erinnern wir uns deutlicher an den Schluss als an Mitte oder Beginn.

Was können wir daraus für unser Digital Storytelling lernen? Für den Erlebniswert und das lange Speichern können wir nichts Besseres tun, als in unseren Geschichten den schönsten und den letzten Moment zusammenfallen zu lassen. Das Happy End löst den Konflikt auf und sorgt dafür, dass unsere Bezugsgruppen intensiv erleben können, welche Gefühle mit unserem Unternehmen verbunden sind.

C6 PRAXIS DER UNTERNEHMENS-KOMMUNIKATION

Der Blick in die Praxis ist ernüchternd: Unternehmen setzen noch immer vor allem auf trockene Fakten sowie abstrakte und überdies oft austauschbare Begriffe.

- **Interne Kommunikation:** Hier steht der Informationsstand der Mitarbeiter im Vordergrund nach dem Motto: „Informieren Sie doch mal die Mitarbeiter darüber, dass …". Wie die Mitarbeiter die Informationen bewerten und was sie darüber denken, wird oft nicht erhoben.
- **Public Relations:** Zu oft noch gilt die Überzeugung, dass die Public Relations Sachinformationen durch Texte vermitteln, dagegen die Werbung durch Bilder emotionalisiert. Doch diese Trennung ist falsch und unsinnig: Texte können stark emotional wirken wie die Harry-Potter-Bücher zeigen, Bilder können informieren wie Infografiken. Also: Informationen und Gefühle sind nicht zu trennen.
- **In der Marktkommunikation** wird der Markenwert oft nur nach kognitivem Wissen ermittelt: „Unberücksichtigt bei der Konzeptualisierung des Markenwertes bleibt jedoch der emotionale Wert einer Marke. Eine Aufarbeitung der Literatur zur Rolle von Emotionen legt jedoch nahe, dass der emotionale Wert einer Marke einen erheblichen Einfluss auf die Kaufentscheidung ausübt und damit letztlich auch in großem Maße in den Markenwert einzahlt" (Herrmann/Stefanides 2010: 132).

Die Botschaften sind meist abstrakt und austauschbar

Eine weitere Schwierigkeit: Unternehmen verwenden immer gleiche, austauschbare Begriffe wie „lösungsorientiert", „flexibel", „kundennah" und: „Wir sind der Partner an Ihrer Seite". Das Problem ist, dass sich viele Menschen unter diesen Begriffen wenig oder gar nichts vorstellen können, mit ihnen keine guten Gefühle oder gar Erlebnisse verbinden, sondern abgeschreckt oder verunsichert werden Solche Begriffe sind abgenutzt und aktivieren nicht. Es ist auch nicht möglich, sich damit vom Wettbewerb abzugrenzen, weil alle Konkurrenten ebenfalls diese Begriffe verwenden. Wie soll sich also jemand schnell und gezielt entscheiden, wenn er keine Unterschiede wahrnimmt? Wir stehen daher vor der großen Herausforderung, abstrakte Begriffe in anschauliche Bilder übersetzen zu müssen. Gelingt uns dies, können wir uns durch klare Bilder und spannende Geschichten wirkungsvoll im Markt positionieren.

Solche inneren Bilder wirken stark auf das Verhalten – dies ist das Ergebnis vieler Studien. Mit einigen Beispielen möchten wir Ihnen innere Bilder veranschaulichen: Denken Sie an ein Schlüsselloch – was sehen Sie, wenn Sie hindurchschauen? Wie viele Fenster hat Ihr Wohnzimmer? Wo ist die Käsetheke in Ihrem Supermarkt? Albert Einstein streckt die Zunge raus. Marilyn Monroe steht in New York über einem U-Bahn-Schacht und ihr Kleid wird hochgeweht. Vermutlich haben Sie sofort innere Bilder vor Ihrem Auge. Innere Bilder sind nicht nur visuelle Bilder, sondern auch Hörbilder (Bierzapfen), Tastbilder (Rose), Geruchsbilder (Weihnachten) und Geschmacksbilder (Vollmilchschokolade). Mit unserem Digital Storytelling sollten wir klare innere Bilder aufbauen und kontinuierlich entwickeln – der Königsweg gelungener Kommunikation.

Fazit

Erfolgreiche Unternehmen wecken reichhaltige Erlebnisse; sie erzählen spannende Geschichten, in denen der Held auf die Probe gestellt wird. Sie zeigen wirkungsvolle Bilder, lassen uns das Unternehmen hautnah auf Events und Messen erleben. Die Menschen lieben sie dafür und ziehen sie anderen vor wie die Beispiele von Rossmann, Nivea und Rügenwalder zeigen. Aber auch klein- und mittelständische Unternehmen werden von ihren Kunden geliebt, von Journalisten geschätzt und von Geldgebern hofiert. Erlebnisse können also Entscheidungen unserer Bezugsgruppen zugunsten unseres Unternehmens steuern.

IN 10 SCHRITTEN ZUM EIGENEN DIGITAL STORYTELLING

In diesem Kapitel erfahren Sie,

- wie Sie Ihr eigenes Digital Storytelling entwickeln können;
- welche Schritte hierfür erforderlich sind;
- wie Sie die Besonderheiten der digitalen Medien und digitalen Technologien nutzen können.

Abb. 26: Wie wir eigene digitale Geschichten erzählen.

In diesem Buch zeigen wir Ihnen das Potenzial, den Zauber und die Magie von Geschichten. Wie können Sie eigene digitale Geschichte erzählen? Wie bauen Sie die Geschichte auf? Wie schaffen Sie eine einzigartige Erlebniswelt für Ihre User? Dies erklären wir nun Schritt für Schritt.

D1 BESTIMMEN SIE DIE ZIELE IHRES DIGITAL STORYTELLING

Storytelling bedeutet, dass wir Geschichten gezielt einsetzen, um wichtige Bezugsgruppen zu informieren und einzigartige Gefühle über unser Unternehmen und dessen Marken auszulösen (siehe Kap. A4). Die Frage lautet also, was wir mit unserem Digital Storytelling bei Mitarbeitern, Kunden, Lieferanten, Journalisten und Geldgebern bewirken wollen. Digital Storytelling kann zum einen allgemeine Kommunikationsziele erreichen, zum anderen spezielle Ziele, die auf den Besonderheiten von digitalen Geschichten beruhen.

Allgemeine Kommunikationsziele

Digital Storytelling kann vier allgemeine Ziele erreichen (siehe Kap. A4):

1. **Kennen:** Unsere Bezugsgruppen kennen unser Unternehmen, seine Leistungen, sein Logo, seine Website, seine (digitalen) Geschichten etc.
2. **Wissen:** Unsere Bezugsgruppen wissen, was wir tun und warum wir dies so einzigartig gut können.
3. **Meinen:** Sie bilden sich eine Meinung, wie sie das finden, was wir tun – ist es ihnen egal, finden sie es gut oder schlecht? Meinen sie, wir handeln verantwortungsbewusst? Wir sind traditionell? Innovativ?

4. **Bereit sein:** Zu was sind unsere Bezugsgruppen nach unseren digitalen Erzählungen bereit? Sich ausführlicher zu informieren? Info-Material anzufordern? Eine Produktprobe zu testen?

Spezielle Ziele

Digital Storytelling ist Teil unseres gesamten Corporate Storytelling, also unserer Geschichten in der internen Kommunikation, unserer Markengeschichten und jener über das Unternehmen. Legen Sie möglichst konkret fest, welchen einzigartigen Beitrag das digitale Storytelling für das Corporate Storytelling leisten kann. Grundsätzlich sind dies die „Big Four", die Sie ausführlich in Kap. B kennen gelernt haben: Integration, Verfügbarkeit, Vernetzung und Interaktion. Zu Zielen, die wir speziell durch die Besonderheiten der digitalen Medien erreichen können, gehören:

- **Vernetzung:** Herstellen des Kontaktes zu Bezugsgruppen und Aufbau der kontinuierlichen Vernetzung.
- **Austausch mit dem User:** Die Besonderheit der Interaktivität ermöglicht uns, mit dem User direkt in Kontakt zu treten und uns mit ihm auszutauschen. Wie oft und wie intensiv soll dies geschehen? Hier ist der Weg das Ziel: Dies bedeutet, dass das Gespräch mit dem User allein schon Ziel des Digital Storytelling sein kann.
- **User Generated Content:** Durch Einbeziehung des Users können wir Inhalte von ihm erhalten, seine Ideen, seine Lösungen.
- **Verfügbarkeit:** Unsere Geschichten sind jederzeit und überall auf der Welt abrufbar, besonders in für den User wichtigen Situationen.

Nur wenn wir solche Ziele formulieren, können wir den Erfolg unseres Digital Storytelling prüfen.

D2 LEGEN SIE IHR ERLEBNIS-VERSPRECHEN FEST

Facebook steht für Verbindungen unter Menschen. Wikipedia steht für das Bewahren von Wissen. Audi steht für Vorsprung durch Technik. Jedes erfolgreiche Unternehmen steht für einzigartige Erlebnisse. Das Erlebnisversprechen definiert jenes einzigartige attraktive Erlebnis, das unsere internen und externen Bezugsgruppen erleben, wenn sie das Anliegen unseres Unternehmens unterstützen. Das Erlebnisversprechen ist für diese Bezugsgruppen wie Kunden, Geldgeber und Journalisten bedeutend. Das Erlebnisversprechen können wir einsetzen, um unsere Ziele zu erreichen (siehe Kap. D2). Es besteht aus den drei Bausteinen:

- **Wer bin ich?** Dies dient der Einordnung: Experte für ...? Spezialist für ...? Begleiter für ...? Mentor für ...?
- **Was tue ich?** Welche Leistungen erbringe ich für meine Bezugsgruppen, allen voran für die Kunden?
- **Warum fühlen sich die Bezugsgruppen einzigartig wohl?** Warum sollten mich Journalisten, Stellensuchende, Kunden anderen Unternehmen vorziehen?

Dieses Versprechen kann darin bestehen, dass unser Unternehmen beiträgt, das Bedürfnis von Menschen nach Anschluss und Bindung zu befriedigen („Mehr Sicherheit in der Beziehung"), nach Leistung („Wir sorgen dafür, dass Sie noch besser werden"), Macht („Durch uns können Sie noch mehr bewirken") und Freiheit („Entscheiden Sie selbst, was Ihnen guttut") (siehe ausführlich Kap. G1).

Die Fragen lauten:

- Was kann der User von unserem Unternehmen erwarten?
- Was kann dieser nicht erwarten?
- Was wird er in unserem Digital Storytelling erleben?
- Welche Auswirkungen werden unser Unternehmen und dessen Leistungen auf seinen Alltag haben?
- Wie wird er uns in Zukunft erleben?
- Wie wird er sich fühlen, wenn er unser Unternehmen unterstützt?
- Wie wird er dabei auf andere wirken?

Unser Erlebnisversprechen zwingt uns, in den Motiven unserer Bezugsgruppen zu denken: Was sind deren Ziele? Was suchen sie? Was macht sie glücklich und zufrieden? Für die interne Koordination aller Beteiligter ist das Erlebnisversprechen sinnvoll, weil es die Klammer über alle Geschichten im Corporate Storytelling bildet – alle haben die Aufgabe, den Bezugsgruppen das Erlebnisversprechen des Unternehmens zu erfüllen. Im Fokus unseres Digital Storytelling stehen also der Aufbau und die gezielte Entwicklung von Erlebnisprofilen in unseren Geschichten. Basis ist das Erlebnisversprechen unseres Unternehmens und seines Digital Storytelling.

Vision

Alternativ zum Erlebnisversprechen können Sie eine Vision formulieren, also ein attraktives Zukunftsbild, das Sie und die Bezugsgruppen erreichen wollen. Vielen Unternehmen ist der Sinn ihrer Tätigkeit nicht mehr klar, sie können die Frage nicht beantworten, warum es das Unternehmen gibt, und was fehlen würde, wenn es dies nicht gäbe. Stattdessen warten Unternehmen darauf, dass der Markt ihnen sagt, was sie brauchen, wollen, wünschen und erwarten. Daher fehlt immer mehr Unternehmen ein einzigartiges Profil und sie erscheinen uns immer austauschbarer, weil viele Unternehmen so vorgehen. Beispiele für Visionen sind: Zappos (Amazon): „Zappos is about delivering Happiness to the World.", Singularity University: „Positively impact one billion people", Tesla, paceX: „The company was founded [...] to revolutionize space technology, with the ultimate goal of enabling people to live on other planets".

Weiterlesen

Das Entwickeln und Umsetzen des Erlebnisversprechens und einer Vision können Sie nachlesen im Buch *Corporate Identity* von Dieter Georg Herbst (2015).

D3 ABLEITEN DER KERNGESCHICHTE AUS DEM ERLEBNIS-VERSPRECHEN

Wir haben unser Erlebnisversprechen formuliert. Jetzt können wir packende, erlebnisreiche Geschichten erzählen:

- **Anwendergeschichten:** Wie lösen wir die Probleme unserer Kunden und stellen sie damit bestmöglich zufrieden? Diese Geschichten geben unseren Kunden das gute Gefühl, das richtige Produkt gekauft zu haben.
- **Geschichten über das Unternehmen:** Wie ist das Unternehmen entstanden? Wer hatte die Idee? Warum gab es sie? Wir erzählen von der ersten Idee des Gründers über erste Erfolge bis hin zum heutigen Unternehmen.
- **Geschichten über biografische Ereignisse:** Digital Storytelling kann besonders gut Geschichten über wichtige Lebensereignisse erzählen wie Geburt, Hochzeit, erste Wohnung, Hausbau. Interaktivität erlaubt den Usern, die für sie wichtigen Ereignisse nach eigener Situation auszuwählen.
- **Geschichten über Rezepte:** Das Geheimnis des Appenzeller Käses und der Kräutersulz wird auf der Website und in Videos erklärt (https://www.appenzeller.ch/de/handwerk).
- **Historie:** Liegt ein Geheimnis in der Vergangenheit der Marke? Sind die Gründer nicht mehr bekannt oder ist die

Gründung von Legenden umwoben? Gibt es etwas Unbekanntes, Spannendes, was noch nie berichtet wurde?
- **Herstellungsverfahren:** Gibt es ein geheimes Herstellungsverfahren, eine besondere Mischung oder Knettechnik, die Ihr Unternehmen zur Besonderheit macht?

In jedem Unternehmen steckt eine spannende Geschichte: Gehen Sie in Ihrem Unternehmen auf die Jagd: Sprechen Sie mit dem Vorstand, dem Geschäftsführer, den Mitarbeitern, Lieferanten, Kunden und lassen Sie sich deren eigene Geschichten erzählen. Werden Sie zum Storyteller und lassen andere Ihr Unternehmen und Ihre Marken erleben.

Einige dieser Geschichten werden sich für alle Bezugsgruppen eignen wie die Erfolgsgeschichten, andere erzählen wir nur unseren Mitarbeitern, Kunden oder Geldgebern.

Heldenreise als Muster

Für die Entwicklung der Kerngeschichte ist die Technik der Heldenreise nützlich, die wir den Anforderungen der Unternehmenskommunikation angepasst haben:

- **Konflikt/Mangel:** Die Welt ist aus den Fugen geraten.
- **Der Held zieht aus,** um sie wieder in Ordnung zu bringen.
- Der Held hat **Alternativen** (in der Wirtschaft lassen sich hier sehr gut die unternehmerischen Strategien erklären und die Auswahl begründen).
- Der Held hat **Hindernisse** zu überwinden.
- Der **Helfer** naht.
- **Kampf**
- **Sieg**
- **Rückkehr und Belohnung**

Beispiel SpediTrain: Ein Problem für die Spedition Lieferexpress ist, dass es immer wieder zu Unfällen durch neue Fahrer kommt – meistens innerhalb des ersten halben Jahres nach der Einstellung eines neuen Fahrers. Als Ursache wurden die unzureichenden Kenntnisse der Fahrer ermittelt (Konflikt). Die Firma beauftragt den Trainer der Weiterbildungsabteilung, sich des Problems anzunehmen (Held zieht aus). Der Trainer überlegt, die Einarbeitungsphase zu verlängern, aber das ist teuer, denn es sitzen zwei Fahrer auf einem LKW und der Masterdriver kommt nicht zu seinen eigentlichen Aufgaben (Alternative). Er möchte einen Trainer einschalten, der die Schulung durchführt. Doch welche Anbieter sind seriös? Bieten sie alle benötigten Sprachen an? Da trifft der Trainer auf die Agentur SpediTrain, die Fahrer in ihrer jeweiligen Muttersprache trainiert. Der Trainer führt die Schulung durch (Kampf). Sie gelingt (Sieg). Es gibt keine Unfälle mehr (Belohnung).

D4 KERNGESCHICHTE FÜR DIE BEZUGSGRUPPEN ABLEITEN

Aus dem Erlebnisversprechen und der Kerngeschichte leiten wir die Geschichten für jede wichtige Bezugsgruppe ab, also für Mitarbeitende, Kunden, Journalisten. Hierfür können Sie wieder die Heldenreise nutzen.

Weiterlesen

Das Entwickeln von Geschichten können Sie ausführlich nachlesen in Dieter Georg Herbst (2021) und Donald Miller (2017).

D5 THEMEN AUS DER KERNGESCHICHTE FÜR BEZUGSGRUPPEN ABLEITEN

Aus der Kerngeschichte und den Geschichten für unsere Bezugsgruppen leiten wir die zentralen Themen für die nächsten Jahre ab. Oft sind dies:

- **Menschen im Unternehmen:** Eigentümer, Trainer, IT-Experten, Verwaltung etc.
- **Wissen:** Wie ist das Unternehmen zum Experten auf seinem Gebiet geworden? Wie will es dies auch weiterhin bleiben? Wie entsteht neues Wissen im Unternehmen? Wie trennt sich das Unternehmen von altem Wissen?
- **Produkte/Leistungen:** Was macht die Produkte einzigartig? Rezeptur? Herstellverfahren? Anwendung? Wirkung?
- **Netzwerke:** Mit wem arbeiten wir zusammen, weil wir nicht alles allein können?

Expertise	Menschen	Netzwerke	Produkte
- IT-Kompetenz - Sprach-kompetenz - Didaktische Kompetenz	- Trainer - IT-Experten - Eigentümer	- Schulungs-experten - IT-Experten	- Sprachkurse - Fahrkurse - Coaching - 1:1-Fahrschule - Digitale Fahrschule

Abb. 27: Ableiten von Themen für SpediTrain aus der Kerngeschichte.

Handlung

Mit dem Inhalt und der Dramaturgie steht und fällt die Wirkung der Geschichte: Die Geschichte kann mittelmäßig erzählt sein, obwohl der Inhalt gut ist – jedoch kann selbst der beste Geschichtenerzähler nichts ausrichten, wenn der Inhalt nicht stimmt.

Die Handlung beantwortet die Frage, worum es geht. Welchen Stoff behandelt die Geschichte, was geschieht mit den Figuren? Hier können wir unser Erlebnisversprechen wirkungsvoll inszenieren. Viel zu oft sind Strategien nur Worthülsen, die nie gelebt werden. Geschichten dagegen erzählen von Menschen und deren Handeln, um ein Ziel zu erreichen. Sie machen vor, was andere nachmachen können.

Für das Entwickeln der Handlung lassen sich Ereignisse, Geschehen und Geschichte unterscheiden:

- **Ereignis:** Das ungewöhnliche Ereignis ist die kleinste Handlungseinheit unserer Geschichte, oft deren Fundament. Das Ereignis strukturiert die Handlung. Es ist anschaulich, weil es bildhaft ist, und zeigt die Bedeutung der Geschichte auf. Ereignisse lassen Spannungsbögen entstehen – der User wird in die Geschichte gedanklich einbezogen und spekuliert, wie die Handlung weitergehen wird.
- **Geschehen:** Das Geschehen besteht aus allen chronologisch und nach bestimmten Gesetzmäßigkeiten aufeinanderfolgenden Ereignissen.
- **Geschichte:** In einer Geschichte folgen die Ereignisse nicht nur chronologisch aufeinander, sondern sie stehen in einem bedeutungsvollen Zusammenhang.

Was also ereignet sich in unserer Geschichte? In welcher Reihenfolge geschieht dies? Wie hängen die Ereignisse zusammen? Ganz wichtig für das Entwickeln unserer Geschichte sind Spannung und Überraschungen, denn sonst ist unsere Geschichte langweilig. Kapitel G geht hierauf ausführlich ein.

Wie wir lineare und nonlineare Geschichten erzählen, erfahren Sie ausführlich in Kapitel F.

Handelnde

Menschen haben für uns herausragende Bedeutung (siehe ausführlich Kap. H4), daher stehen sie auch im Mittelpunkt unserer digitalen Geschichten: Wir orientieren uns an ihnen, wir identifizieren uns mit ihnen, wir fühlen mit ihnen. In unserem Storytelling erzählen wir Geschichten über Menschen in unserem Unternehmen, also Forscher, Mitarbeitende in der Produktion und der Qualitätssicherung, Menschen, die nah am Kunden sind. Wir erzählen von Mitbewerbern, aber auch von Protagonisten, die uns unterstützen, unser Erlebnisversprechen zu erfüllen, zum Beispiel internationale Experten und Partnerfirmen.

Entsprechend ihrer Bedeutung und Funktion können wir die einzelnen Figuren oder Charaktere einteilen in zentrale Charaktere, in Platzhalter und Nebenfiguren. Zu den zentralen Charakteren gehören Protagonisten, Helfer und Antagonisten:

- **Protagonisten:** Die Hauptfiguren oder Helden bilden den Kern unserer Geschichte: Sie stehen im Blickpunkt – oft ist die Geschichte von ihnen oder in der dritten Person aus ihrer Sicht erzählt. Im Mittelpunkt stehen kann der Unternehmenschef, ein Manager, ein Team, Mitarbeitende allgemein oder aus Bereichen wie Forschung und Entwicklung sowie Auszubildende und Pensionäre.
- **Helfer:** Menschen, die den Held unterstützen, zum Beispiel Kunden und Experten. Sie sind Freund und Helfer und wecken Sympathie, Neugier und Interesse.

- **Antagonisten:** Menschen, die uns hindern, unser Erlebnisversprechen umzusetzen. Archetyp ist der Feind, zum Beispiel der ärgste Konkurrent. Antagonisten sorgen für Hass und Mitleid.
- **Platzhalter:** Sie treten auf und ab, weil die Geschichte sie braucht; sie geraten aber selbst nicht ins Blickfeld wie Beschäftigte im Unternehmen und Mitarbeiter der Wettbewerber. Sobald sie aus ihrer Anonymität heraustreten, einen Namen erhalten und eine Rolle zu spielen beginnen, werden sie zu Nebenfiguren.
- **Nebenfiguren:** Sie stehen nicht im Zentrum, aber wir brauchen sie: Ratgeber, Beichtväter, Hofnarren, Geschäftsfreunde, Gehilfen.

Bühne

Unsere Akteure brauchen eine Bühne, auf der die Geschichten spielen. Sie trägt maßgeblich zum Gesamterlebnis bei – im Unternehmen, bei einem Event, in den Tropen, den Alpen oder auf hoher See. Zur Bühne gehören sensorische Einflüsse wie Licht, Wärme, Farben und Stimmungen, die den Ort kennzeichnen wie Spannung oder Langeweile. Wo also finden Ihre Geschichten statt? Im Heimatland? In der großen, weiten Welt? An internationalen Börsenplätzen? Ist Ihr Firmenchef hinter seinem aufgeräumten Schreibtisch zu sehen, in der Natur oder in einer Produktionshalle?

Requisiten

Zur Inszenierung des Ortes gehört nicht nur seine Lage, sondern auch die Möglichkeit, den Ort mit Requisiten auszustatten, zum Beispiel mit Symbolen. Symbole sind Zeichen, die stellvertretend für etwas stehen, wie ein Logo und das Schlüsselbild des Sauerstoffs für 0_2. Geschichten stecken voller Symbole, die sich auf die Bühne beziehen: Sie reichen vom Einzelbüro über den Dienstwagen bis hin zur Kunst im Büro.

Zeitachse

Geschichten sind inhaltlich und zeitlich geordnet. Der Zeit sollten wir daher große Aufmerksamkeit widmen:

Für Geschichten ist es wichtig zu wissen, wann sie spielen. Dies können Vergangenheit, Gegenwart oder Zukunft sein. Geschichten können diese Zeitebenen miteinander verbinden, zum Beispiel um zu zeigen, woher das Unternehmen kommt, wo es heute steht und wohin es in Zukunft möchte. Hier einige Beispiele, warum das sehr wichtig für Ihr Unternehmen sein kann:

- **Vergangenheit** ist wichtig für die Mitarbeiter, denn sie prägt die Erfahrungen mit dem Unternehmen. Diese Erfahrungen bestehen nicht nur aus dem gesammelten Wissen, sondern auch den damit gespeicherten Gefühlen und Körperzuständen, in der Fachsprache „somatische Marker" genannt (Damasio 2003, 2004). Unsere Geschichte kann zeigen, woher das Unternehmen kommt, durch welche Personen, Entscheidungen und Ereignisse es zu dem wurde, was es jetzt ist. Die Vergangenheit wird hierdurch zu einem wichtigen Bestandteil des aktuellen Selbstverständnisses des Unternehmens.
- **Gegenwart:** Häufig führen Großunternehmen verschiedene Marken und sind in unterschiedlichen Branchen tätig. Für Mitarbeitende ist es oft nicht klar, für wen sie arbeiten und für was das Unternehmen steht. Die Geschichte greift also auf: Wo steht das Unternehmen heute? Was leitet dessen Denken, Fühlen und Handeln?
- **Zukunft:** Der Blick in die Zukunft soll den Beschäftigten zeigen, wohin die Reise geht. Dies lässt die Mitarbeiter den Sinn des Neuen erkennen. Die Beschäftigten erfahren, warum es sich für sie lohnt, sich auch künftig für die gemeinsame Idee (Erlebnisversprechen, Vision) einzusetzen, denn diese ist belohnend. Sie erfahren, was sie selbst beitragen können, um die gemeinsame Idee mit Leben zu erfüllen.

Ordnung, Dauer und Frequenz

Für unser Storytelling spielen drei weitere Zeitaspekte eine wichtige Rolle: zeitliche Ordnung, Dauer und Frequenz des Geschehens:

- **Ordnung:** In welcher Reihenfolge erzählen Sie Ihr Geschehen? Bei der Rückwendung (Analepse) berichten Sie nachträglich, bei der Vorwegnahme (Prolepse) über ein noch stattfindendes Ereignis. Eine Geschichte wird erst dann schlüssig, wenn ihre Bestandteile zeitlich sinnvoll angeordnet sind. Eine andere Reihenfolge ergibt eine andere Geschichte. Im Digital Storytelling können Sie jederzeit in die Heldenreise einsteigen: Zu Beginn stellen Sie den Konflikt vor und geben dann einen Ausblick, wie Sie Ihr Vorgehen planen. Sie können bei den Hindernissen einsteigen und Ihre Bezugsgruppe bitten, zum Überwinden der Hindernisse beizutragen, zum Beispiel durch Geld (Geldgeber) und Entscheidungen (Management). Sie können natürlich auch Ihre Geschichte im Rückblick erzählen (Reverse Storytelling).
- **Dauer:** Wie lange dauert die Geschichte? Jahre? Monate? Tage? Oder Stunden?
- **Frequenz:** Wie oft erzählen Sie die Geschichte? Ein Ereignis kann einmal oder mehrmals eintreten, Sie können es einmal erzählen (singuläres Erzählen) oder mehrmals (repetitives Erzählen). Die Frequenz ergibt sich aus der Wiederholungszahl von Ereignissen innerhalb Ihrer Erzählung.

Themen auf der Zeitachse

Die Themen legen wir auf dem Zeitstrahl der nächsten drei bis fünf Jahre an. Jedes Jahr können wir unter ein Schwerpunkt-Motto stellen – je nach Priorisierung für die Bedeutung beim Imageaufbau: Experte im ersten Jahr, Menschen im zweiten Jahr etc.

D6 AUSWAHL DER KANÄLE ZU DEN BEZUGSGRUPPEN

Wir haben bis jetzt unsere Bezugsgruppen definiert, priorisiert und Kerngeschichten (Core Storys) sowie Themen abgeleitet. Dies ist die inhaltliche Seite des Storytelling. Jetzt geht es darum, unseren Bezugsgruppen die Geschichten über die geeigneten Kanäle zu erzählen. In der Kanalplanung unterscheiden wir zwischen der persönlichen Kommunikation und der medialen – mit Print-Medien und digitalen Kanälen.

Welche dieser Kanäle nutzt unsere Bezugsgruppe? Nur einen? Oder alle drei? In welcher Intensität nutzt sie diese? Die Konsequenz ist unsere Kanalstrategie, die formuliert sein kann wie „Schwerpunkt digitale Kanäle, begleitet von persönlicher Kommunikation" (kommt bei jüngeren Bezugsgruppen oft vor) oder „Schwerpunkt persönliche Kommunikation und Print" (Beispiele finden sich in der internen Kommunikation, wenn den Mitarbeitenden die Bedeutung von Change-Prozessen für das Unternehmen erklärt werden sollen).

Eine hilfreiche Technik für das Gestalten der Kanäle ist die „Customer Journey": Sie zeigt typische Abläufe unserer Bezugsgruppe (Tagesverlauf, Suche, Auswahl und Bewertung von Informationen etc.) auf sowie die darin genutzten Kanäle, Mittel und Maßnahmen. Hier ein Beispiel:

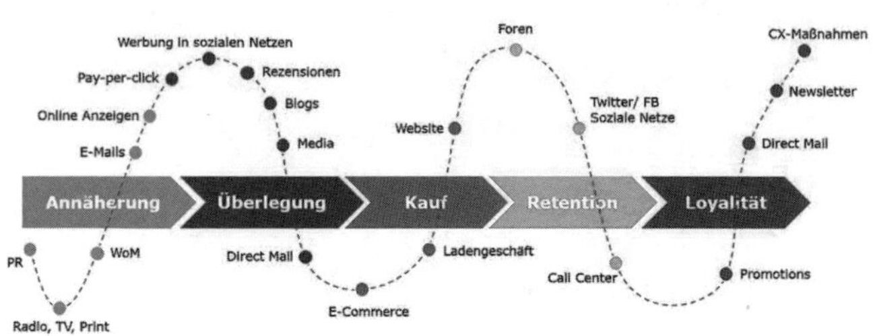

Abb. 28: Beispiel für eine Customer Journey.

Informationen über das Informationsverhalten und die Mediennutzung liefern auch die Sinus-Milieus (www.sinus-institut.de). Wir gehen auf das Thema der Kanäle auch im Zusammenhang mit dem Content Marketing ein (siehe Kap. K).

D7 ERZÄHLEN DER GESCHICHTEN IN MITTELN UND MASSNAHMEN

Im nächsten Schritt erfolgt das Storytelling unserer Themen in den bezugsgruppengerechten Mitteln und Maßnahmen. Hierzu gehört das Storytelling im Geschäftsbericht, in Mailings, auf der Website, in einem YouTube-Video, in einem Tweet auf Twitter und in der Pressekonferenz. Dieses operative Storytelling wird mittlerweile schon vielfach in Unternehmen eingesetzt, wir führen es daher in diesem Beitrag nicht weiter aus.

D8 BETEILIGEN SIE DIE USER

Digitales Storytelling bedeutet die Einbeziehung des Users in unsere Geschichten. Beteiligen wir ihn und lassen ihn miterleben! Doch wie könnte der User unsere Geschichte beeinflussen? Der Beginn der Geschichte ist vorgegeben, der User könnte sie ergänzen und sogar weitererzählen. Die beiden Pole im Digital Storytelling sind also, ob wir oder der User die Geschichte erzählt. Beteiligung bedeutet nicht zwangsläufig, die Story in die Hand des Users zu legen: Unsere Geschichte ist ein Angebot, aber der User kann zum Beispiel die Erzählperspektive nach seinen Vorlieben wählen. Die Einbeziehung des Users ist so wichtig für das digitale Storytelling, dass wir ihm ein eigenes Kapitel (siehe Kap. E) gewidmet haben.

D9 NUTZEN SIE MULTISENSORIK

Geschichten können alle fünf Sinne ansprechen. Hierfür können Sie das Prinzip der „Komplettierung“ nutzen: Denken Sie an eine Rose: Könnten Sie beschreiben, wie diese aussieht? Wie sie riecht? Und wie es sich anfühlt, mit dem Zeigefinger auf den Dorn zu tippen? Sie sehen: Schon ein Reiz wie die Vorstellung des Bildes der Rose reicht aus, um das gesamte Netzwerk mit allen gespeichertem Erinnerungen an eine Rose zu aktivieren. Schon das Wort „Welle“ kann in uns ein klares, inneres Bild einer Strandlandschaft entstehen lassen: Wir laufen über den Strand, hören Wellen rauschen, springen ins Meer und wissen, wie das Meer schmeckt. Solche inneren Bilder entstehen erneut, wenn unsere Bezugsgruppen an uns denken. Für die Gestaltung von Multisensorik können wir Schemata nutzen wie das Alpenschema, das Tropenschema und das Weihnachtsschema. Wie wir sogar in digitalen Medien alle fünf Sinne ansprechen können, zeigt Ihnen Kapitel H3.

D10 VERNETZEN SIE DIE GESCHICHTEN

Eine Kerneigenschaft digitaler Medien ist die Vernetzung. Geräte, Technologien, Dienste, Medienobjekte etc. sind untereinander verbunden und kommunizieren miteinander. Digital Storytelling kann somit über Geräte, Social-Media-Plattformen und über Medienobjekte hinweg stattfinden und es kann sich außerhalb digitaler Medien fortsetzen, zum Beispiel in digitalen Schauräumen, dreidimensionalen Plakaten, Digital Signage am Point of Sale, in digitalen Litfaßsäulen etc. Digitale Technologien sind z.B. 3D-Hologramme, interaktive Bildschirme, Augmented Reality und Near Field Communication (NFC). Siehe heirzu ausführlich Kap. B.

Über einen Hinweis gelangt der User in die VR-Umgebung (Virtual Reality). Jetzt also Brille auf und ab in den Urlaub: Mit der VR-Brille erlebt der User einen Urlaub in Hawaii. Setzt dieser die Brille auf, hat er durch die 360 Grad-3D-Darstellung das Gefühl, am Strand von Hawaii zu liegen: Die Palmen bewegen sich im Wind, Wellen schwappen an den Strand. Noch in der Anwendung kann sich der User mit dem Webshop verbinden und buchen, aus der Anwendung zurück kann der User auf Facebook von seinen Erlebnissen berichten.

Vernetzung ist auch mit „Wearables" möglich. Dies sind miniaturisierte Computer mit Sensoren, die z.B. in Kleidungsstücken eingearbeitet sind. Oder auch Besteck ist mit Sensoren ausgestattet, die einer Cloud-Datenbank mitteilen, was und wie wir essen. Essen wir zu viel Zucker oder Fett, piepst die Gabel. Digital Storytelling ist also weit mehr als Erzählen von Geschichten im Internet und mobilen Endgeräten, sondern Geschichtenerzählen im digitalen Kosmos.

Durch das Internet der Dinge lösen sich die Grenzen zwischen digitalen Medien und der Realität nahezu auf: Intelligente Kühlschränke bestellen automatisch Nachschub. Die Heizung schaltet sich ein, wenn wir dies in unserer App programmiert haben.

EINBINDUNG DES USERS

In diesem Kapitel erfahren Sie,

- welche neuen Erzählformen es gibt,
- wie Sie User in Ihre Geschichten einbeziehen können und
- welchen Beitrag wichtige Bezugsgruppen für Ihr Digital Storytelling leisten können.

E1 NEUE ERZÄHLFORMEN DURCH EINBINDUNG DER USER

Digital Storytelling ermöglicht neue Erzählformen, indem es Menschen und Inhalte miteinander vernetzt. Ein Beispiel wäre die Geschichte des Rundgangs durch das Unternehmen:

- **Handelnde:** Der User könnte die Handelnden des Unternehmens wählen, wie den Forscher, den Entwickler, den Produktionsmitarbeiter oder den Produktmanager. Oder er kann selbst seine Rolle im Unternehmen bestimmen, wie zum Beispiel den Journalisten, den Kunden, den Bewerber oder den Investor. Andere User könnten dann zwischen den anderen Rollen wählen.
- **Bühne:** Der User wählt die angebotene Bühne, zum Beispiel Forschung und Entwicklung, Produktion oder Verwaltung.
- **Handlung:** Der User könnte die vorhandene Geschichte ergänzen, er könnte seine Geschichte mit anderen Usern teilen oder an diese weiterleiten, die wiederum ihre eigene Geschichte mit ihren Erlebnissen ergänzen. Er könnte auch eine völlig eigene Geschichte erzählen nach dem Motto: „Erzählen Sie Ihre Geschichte mit ..."

User können also die Inhalte beeinflussen: Sie können in die Handlung eingreifen, sie mitgestalten oder sie vollkommen bestimmen. Die Gestaltung bewegt sich also zwischen den beiden Polen des erzählenden Unternehmens einerseits und des erzählenden Users andererseits.

Formen der inhaltlichen Interaktivität

Chris Crawford und Marie-Laure Ryan unterscheiden zwei Formen der inhaltlichen Interaktivität: „Exploratory versus Ontological Interactivity" und die „Internal versus External Interactivity". Die zugrundeliegenden Elemente lassen sich jeweils kombinieren.

- **Ontological Interactivity:** Der User kann die Geschichte beeinflussen.
- **Exploratory Interactivity:** Er kann sie nicht beeinflussen.
- **Internal Interactivity:** Der User spielt in der Geschichte selbst mit, zum Beispiel als Avatar.
- **External Interactivity:** Der User bewegt sich außerhalb der virtuellen Welt, zum Beispiel indem er die Datenbank navigiert oder als „Gott" die Geschicke der Geschichte lenkt.

User Generated Content

Praxiserfahrungen zeigen, dass das Generieren von Inhalten der User (User Generated Content) kein Selbstzweck sein darf. Das Generieren von Inhalten durch User sollten Sie mit guten Gefühlen belohnen: durch das Gemeinschaftsgefühl, den Reiz des Neuen, das Gefühl der Überlegenheit und das Freiheitsgefühl (siehe ausführlich Kap. H1). Die Inhalte sollten wichtig für die Geschichte sein und zur Handlung beitragen, zum Beispiel als eigene Erfahrungen mit unserem Unternehmen.

Digital Storytelling erfordert also den aktiven User: Dieser muss nicht warten, bis etwas passiert, sondern er kann selbst etwas passieren lassen. Digitales Storytelling bezieht den User ein und bietet Geschichten zum Handeln, nicht nur zum Lesen: Inhalte in einem Video, bei denen sich der Nutzer zurücklehnen kann, können abwechseln mit Inhalten, bei denen der Nutzer aktiv seine Rezeption steuern muss – zum Beispiel eine interaktive Grafik mit mehreren

Ebenen. Hier stellt sich die Frage nach der Kontrolle über die eigene Kommunikation (siehe ausführlich Kap. E3).

Interaktivität bedeutet nicht zwangsläufig, die Story in die Hand des Users zu legen. Erfahrungen im Gaming zeigen, dass solche Spielhandlungen sich nicht breit durchsetzen. Stattdessen bleibt die Geschichte ein Angebot des Unternehmens, aber der User kann z.B. die Erzählperspektive nach seinen Vorlieben wählen (siehe Kapitel F).

E2 BEISPIELE FÜR DIE EINBINDUNG DER USER

Alle Bezugsgruppen können wir in unser Digital Storytelling einbeziehen. Hier einige Beispiele zur Anregung:

Mitarbeiter als Erzähler

Geschichten spielen in der Mitarbeiterkommunikation eine immer größere Rolle: Sie eignen sich hervorragend, für Mitarbeitende interessante Fakten über das Unternehmen in mitreißende Erzählungen zu verpacken – Erfolgsgeschichten, Geschichten zur Entstehung des Unternehmens, über die Mitarbeitenden und ihre Leistungen, über Wandel oder über begeisterte Kunden. Durch solche Erzählungen erfahren die Mitarbeiter von den Beweggründen des Firmengründers und der Manager, von deren Träumen und Visionen. Sie erfahren von den Erfolgen und Misserfolgen des Unternehmens, von den Chancen und Risiken. Sie erfahren von den Motiven der Mitarbeiter und Kunden, deren Hoffnungen und Vorbehalten. Dies trägt enorm zum klaren Bild des Unternehmens und seinen Leistungen bei und auch zum klaren Bild vom eigenen Beitrag zum Unternehmenserfolg.

Geschichten vom Wandel haben in der Unternehmenskommunikation nicht das Ziel, möglichst viele Informationen zu vermitteln, sondern Schlüsselinformationen weiterzugeben, anhand deren die Mitarbeiter entscheiden können, ob sie den Wandel unterstützen oder nicht.

Geschichten über und mit Mitarbeitenden sind ein sehr glaubwürdiger Weg, um Vertrauen zu einem Unternehmen aufzubauen. Frühe Beispiele sind der Frosta-Blog und die „Menschen bei Krones". Ein aktuelles Beispiel: Campana & Schott ist eine internationale Management- und Technologieberatung mit mehr als 400 Mitarbeiterinnen und Mitarbeitern in Europa und den USA. In den „Job Storys" berichten Mitarbeiterinnen und Mitarbeiter, was sie beruflich antreibt – und welche Leidenschaften sie in ihrer Freizeit bewegen. Die Geschichten geben vielfältige Einblicke in den spannenden Arbeitsalltag der Protagonisten und Menschen hinter dem Job (https://www.campana-schott.com/de/de/karriere/job-stories/).

Mitarbeiter als Kunden

Unternehmen lassen die eigenen Mitarbeiter die Produkte des Unternehmens testen, zum Beispiel bei Tchibo. Sie erzählen dann auf der Website und bei YouTube von ihren Erfahrungen (https://youtu.be/vYDL6jN2goE).

Externe Experten als Erzähler

Ein 52-jähriger Skater in Südafrika, der dem Leben orientierungsloser Jugendlicher Richtung geben will. Ein chinesischer Orchideenbauer, dessen Geschäft kurz vor dem Ruin steht. Ein österreichischer Tüftler, der aus Pappe Rennwagen baut und so seinen Traumjob bekommt. Das sind drei von über 60 Helden aus dem digitalen Storytelling-Magazin */answers* der Siemens AG, einem der bis dato außergewöhnlichsten Formate in der Unternehmenskommunikation.

Auf Basis der Markengeschichte des Unternehmens wurden Alltagsmenschen zu ungewöhnlichen Helden, in überraschenden Storys, konsequent erzählt aus der Perspektive und im Stil renommierter Dokumentarfilmer rund um den Globus. Und immer mit einem klaren Bezug zu den Leistungen des Unternehmens, die in der Lage waren, das Leben der Helden zu verbessern – ohne dass diese etwas davon wussten. Nah am Menschen, nah am Markenkern, glaubhaft, authentisch, emotional sorgten diese Geschichten nicht nur in Fachkreisen für Furore, sie unterstützten auch nachweisbar geschäftliche Unternehmensinteressen.

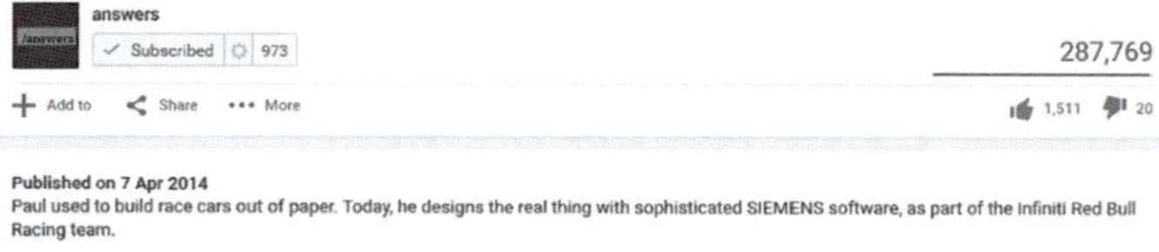

Abb. 29: Durch das Hobby zum Traumjob.

Weiterlesen

Chris Crawford (2013) hat sich intensiv mit der Einbeziehung des Users beschäftigt.

Kunden als Erzähler

Der Online-Händler Galaxus lässt seine Kunden im YouTube-Kanal zu Wort kommen. Sie stellen Produkte vor, die bei Galaxus verfügbar sind – wie den Haarsaug-Aufsatz beim Staubsauger von Dyson (https://www.youtube.com/playlist?list=PLjSZBLMx6RMHI3RbDNee fh1oyhMPk34Hg).

Gemeinschaften im Netz bilden

Communitys könnten für uns sehr nützlich sein:

- Wir lernen die Bezugsgruppen, deren Interessen, Wünsche und Bedürfnisse besser kennen.
- Gemeinsam können wir Themen entwickeln.
- Gemeinschaften fördern die Verbundenheit und das Entstehen von Vertrauen zwischen allen Beteiligten und schaffen damit die Grundlage für eine langfristige Beziehung zu unseren Bezugsgruppen.

Marken-Communitys sind eine hervorragende Möglichkeit zur Einbindung der User: Mitglieder tauschen Informationen aus, kombinieren sie neu und schaffen ungewöhnliche Ideen und neue Lösungen. Unterschiedliche Ansichten und Deutungen setzen mehr kreative Prozesse in Gang, als dies bei einzelnen Personen der Fall wäre. Der Markenmanager lernt die Teilnehmer, ihre Interessen, Wünsche und Bedürfnisse genau kennen. Gemeinsam lassen sich Themen entwickeln, Lösungen formulieren und sogar Produktideen fördern. Eine Marken-Community ist somit attraktiv, weil sie eine langfristige, nutzbringende Kommunikation mit den Usern ermöglicht. Der Aufwand ist jedoch erheblich.

User können sogar Mitgestalter sein und quasi von außen ihre Wünsche, Ideen und Vorschläge beisteuern (Outside-in-Prozesse). Dies geschieht zum Beispiel über digitale Beiräte und Plattformen für „Crowdsourcing". Ziel: Kunden in Unternehmensprozesse einzubeziehen. Crowdsourcing bedeutet, dass eine Gruppe Freiwilliger – die sogenannte „Crowd" ein Anliegen bearbeitet. In der digitalen Markenführung kann dies eine Kampagne sein, ein Logo, ein Imagefilm. Genutzt wird hierbei die Webtechnologie als Treiber und die Erkenntnis, dass Gruppen klüger sind als Einzelne, die „Weisheit der Masse". Der Begriff „Crowdsourcing" stammt von dem amerikanischen Journalisten Jeff Howe, der für das *Wired Magazine* schreibt. Crowdsourcing bezeichnet die Auslagerung von Ideenfindung und Kreativprozessen an die externe Crowd, also an Menschen außerhalb des Unternehmens. Crowdsourcing wie auf der Plattform www.jovoto.de ermöglicht uns, weltweit verteilte Informationen zu neuem Wissen zu kombinieren (kollektive Kreativität). Die Einbeziehung der User macht es wahrscheinlicher, dass digitale Markenführung tatsächlich die Bedürfnisse befriedigt und die Erfolgschance steigert. Vorteile des Crowdsourcing sind:

- Bedürfnisorientierung: Wer kann besser als Kunden sagen, was sie benötigen?
- User haben großes Potenzial für innovative, neuartige Ideen, da sie als Außenstehende stärker „out of the box" denken als Mitarbeitende in einem Unternehmen.
- Sie verringern das Flop-Risiko neuer Kommunikate.
- Rund um die Marke entsteht eine aktive Community aus Followern.
- Es entfallen Kosten für die Marktforschung.

Crowdsourcing ist also hervorragend geeignet, langfristige und für alle Seiten gewinnbringende Beziehungen aufzubauen.

Doch wenn alle miteinander reden können, wie steht es um die Kontrolle? Welchen Einfluss haben wir noch auf die Inhalte?

E3 KONTROLLE UND USER-GESCHICHTEN

User tauschen sich über das Unternehmen und dessen Marken aus: Internet und Social Media vergrößern sich in jeder Minute durch den Austausch von Erfahrungen, Meinungen und selbstgenerierten Inhalten von Millionen Nutzern weltweit (siehe Kap. J). User können sich so unabhängig von Zeit und Ort ständig über Marken und Dienstleistungen informieren und austauschen. Auf natürlichem Wege entwickelt sich so ein kritischer, wohlinformierter User, der seine Entscheidungen nicht mehr allein auf die Botschaften des Unternehmens stützt, sondern viele andere Quellen hinzuziehen kann.

Zum Beispiel können Konsumenten Marken öffentlich bewerten: Gewiss, Verbraucher haben sich schon immer über Marken positiv und negativ geäußert. In Online-Medien geschieht dies jedoch mit sehr hoher Reichweite und Wirkung. Mund-zu-Mund-Propaganda hat schon immer eine wichtige Rolle für das Entstehen von Vertrauen zu einer Marke gespielt: Wenn uns ein Freund ein Produkt wärmstens empfiehlt, neigen wir dazu, dieses Produkt zumindest zu testen. Ähnlich verbreiten sich auch Gerüchte, Witze, die wir weitererzählen oder ein Lied, das wir im Radio hören und das uns nicht mehr aus dem Kopf geht. Neu ist auch, dass User selbst Markeninhalte kreieren, archivieren und sich weltweit austauschen können, ohne dass der Eigentümer der Marke daran beteiligt sein muss.

Steuerung und Kontrolle

Im digitalen Kosmos, als Supersystem aus Systemen, gibt es kein Zentrum und noch weniger eine (Kommando-)Zentrale. Das System organisiert sich selbst. Ob neue Technologien, neue Verhaltensmuster, neue Umgangsformen Teil des Systems werden: Hierüber entscheiden die User des Systems. Die Zukunft des Digital Storytelling wird daher vor allem gekennzeichnet sein durch geringe Kontrolle und stattdessen durch mehr Unsicherheit, mehr Spontaneität und weniger Machtdistanz zwischen den Beteiligten. Zwar ist die Kontrolle des Systems nicht möglich, doch lassen sich Rahmenbedingungen gestalten, wie zum Beispiel durch „Netikette", also Verhaltensempfehlungen für den Umgang miteinander.

Echokammern und Fake News

Für die Unternehmenskommunikation sind einige Phänomene innerhalb der sozialen Medien wichtig (Herbst/Schildhauer 2020):

- **Echokammern** sind Orte und Gruppen, in denen sich Gleichgesinnte treffen, austauschen und gegenseitig die eigene Position stärken. Inhalte, die der eigenen Position widersprechen, werden früh gefiltert. Dies macht es uns schwer, mit diesen Gruppen ins Gespräch zu kommen. In diesen Gruppen und Netzwerken können sich Kommentare wie ein Lauffeuer verbreiten. Zustimmung erfolgt durch Teilen, Likes und Freundschaftsanfragen aus harmonisierenden Kreisen. Echokammern können schnell wachsen. Mitunter gibt es statt fairen Debatten und Meinungsvielfalt eher Populismus und Meinungsextreme, Verleumdungen und Lügen. Klare Fakten und sachliche Argumente spielen in solchen Diskussionen nicht mehr die Hauptrolle. Die Sicht verengt sich auf die eigene Meinung, „alternative Fakten" bekommen ein größeres Gewicht.
- **Filterblasen:** Plattformen wie Facebook verstärken diesen Effekt, indem Algorithmen dafür sorgen, dass vor allem jene Inhalte sichtbar sind, die von Gleichgesinnten stammen oder von ihnen gelikt sind. Hierfür gilt auch der Begriff der

„Filterblase“: Als Urheber dieses Begriffs gilt der Politaktivist Eli Pariser, der schon 2011 argumentiert hat, dass die Algorithmen und Filter von Facebook, Google und Co unbeabsichtigte Nebenwirkungen haben könnten. Im Versuch, den Nutzern nur die besten und relevantesten Ergebnisse anzuzeigen, würden die Internetkonzerne eine begrenzte Informationsblase schaffen. In dieser Blase stünden Argumente und Gegenargumente nicht mehr in ausgewogenem Verhältnis zueinander. Wie mächtig diese Blase allerdings ist und ob sie tatsächlich Wahlen beeinflussen kann, ist noch nicht abschließend geklärt.

- **Fake News:** Mit reißerischen Schlagzeilen, gefälschten Bildern und Behauptungen werden so Lügen und Propaganda verbreitet. „Fake News“ erwecken den Eindruck, dass es sich um echte Nachrichten handelt. Sie sollen Leser beeindrucken, damit sie diese anklicken, liken und weiterleiten. Hierdurch wird Geld verdient. Oft ist es nicht einfach, zu erkennen, ob es sich um eine echte Nachricht oder um Fake News handelt.

Diese Phänomene stellen unsere Unternehmenskommunikation vor große Herausforderungen. Hier einige Empfehlungen:

- **Beobachten:** Sie sollten mit regelmäßigem Monitoring die Diskussionen um Ihr Unternehmen verfolgen. Dies ist ohnehin Baustein jeder professionellen Unternehmenskommunikation.
- **Echokammern:** Sie sollten Echokammern beobachten, die für Sie relevant sind. Hierfür gibt es auch Dienstleister, die regelmäßig soziale Medien nach Inhalten für Sie durchsuchen, von denen Sie betroffen sind. Sie können sich in solche Diskussionen einschalten oder sich auch mit wichtigen Multiplikatoren außerhalb der sozialen Medien treffen, um mit ihnen ins Gespräch zu kommen.
- **Umgang mit Fake News:** Wenn alles wie eine Schlagzeile aussieht, wenn es vor allem um Sensation geht, ist Vorsicht

geboten. Vorsicht auch, wenn nur eine Meinung geäußert wird und wenn Stimmung in eine bestimmte Richtung gemacht wird. Bei Bedenken sollten Sie die Nachricht nicht weiterleiten. Oft werden in Fake News Zahlen und Zitate genannt. Sie erscheinen, ohne dass man erkennt, woher sie kommen. Echte Nachrichten kommen aus zuverlässigen Quellen. Jede Veröffentlichung muss ein „Impressum" haben. Dort müssen Name, Adresse und Kontaktmöglichkeiten der Person stehen, die für die Nachrichten auf der Seite verantwortlich ist. Wenn diese Angaben fehlen oder fehlerhaft sind, besteht Anlass zur Vorsicht. Wenn andere Medien diese Nachricht nicht verbreiten, besteht Anlass, an der Richtigkeit der Nachricht zu zweifeln.

Einfluss von Social Media

Social Media beeinflussen immer häufiger Meinungen und Entscheidungen von Bezugsgruppen über Unternehmen und wirken sich damit direkt auf den unternehmerischen Erfolg aus. Selbst 1:1-Kommunikation ist möglich – über Internettelefon, Videokonferenzen und Awareness-Software, die anzeigt, wer gerade online ist. Kleine und mittelständische Unternehmen sind hier gegenüber den Großkonzernen im Vorteil, weil sie schneller, flexibler und persönlicher agieren können. Das persönliche Gespräch ist für das Entstehen von Vertrauen essenziell und lädt das Unternehmen emotional auf.
Zu klären sind die Fragen:

- Mit wem will ich reden?
- Wo finde ich diese Menschen?
- Wann und wie oft spreche ich mit den Menschen?

Entwicklung einer Strategie

Am Beginn der Aktivitäten sollte eine Social-Media-Analyse stehen. Die Fragen sind:

- Was sind die digitalen Top-Kanäle (Tummelplätze) der Bezugsgruppen?
- Welches sind deren wichtigste Themen und kritischen Fragen?
- Wie bilden sie sich ihre Meinung? Wie entscheiden sie?
- Wie ist der eigene Ruf im Vergleich zu den Mitbewerbern?

Danach folgt das Erarbeiten der Social-Media-Strategie: Ziel ist, auf den wichtigsten Tummelplätzen hilfreiche Antworten und positive authentische Eindrücke für Bezugsgruppen zu veröffentlichen. Kernfragen:

- Gibt es eine Social-Media-Strategie für das Gesamtunternehmen?
- Gibt es eine Social-Media-Strategie für die Unternehmenskommunikation?
- Sind konkrete Ziele formuliert?
- Welche Best Practices gibt es?

Auch außerhalb der eigenen Website gibt es weitere sinnvolle Maßnahmen:

Präsenz zeigen

Unternehmen sollten lernen, auch Gast auf anderen Websites zu sein, denn die Bezugsgruppen besuchen nicht nur die Website des Unternehmens. Grundlage für den nachhaltigen Social-Media-Dialog sind Auftritte, Strukturen und Prozesse. Kernfragen:

- Hat das Unternehmen seine Themen auch auf anderen relevanten Kanälen platziert, zum Beispiel auf Facebook?
- Sind Prozesse aufgesetzt, durch die Botschafter schnell und passgenau an Diskussionen teilnehmen können?

Resonanz messen

Um zeitnah und adäquat reagieren zu können, setzen immer mehr Unternehmen auf kontinuierliches Social Media Monitoring. Je mehr Unternehmen selbst aktiv werden, desto wichtiger wird die Messung der Resonanz. Die Resonanz muss nicht notwendigerweise direkt im Kontext unserer eigenen Beiträge auftauchen – auch losgelöst können User über unser Unternehmen diskutieren. Immer wichtiger wird auch der Blick auf die Aktivitäten unserer Wettbewerber im Social Web. Wie sehen Best Practices aus und welche Punkte können für die eigenen Maßnahmen übernommen werden? Kernfragen:

- Findet regelmäßiges Monitoring statt, um über die Diskussionen informiert zu bleiben?
- Auf welchen Kanälen wird über das Unternehmen diskutiert und auf welchen noch nicht?
- Wird der Erfolg einzelner Maßnahmen durch Kampagnen-Trackings gemessen?
- Entsprechen die erreichten Interaktionen quantitativ und qualitativ den Zielen?

Die erfolgreiche Nutzung von Social Media durch Unternehmen ist eine kompakte Managementaufgabe, die wir nicht mit ein paar Mausklicks bewältigen können, die wir aber systematisch entwickeln können. Social Media warten nicht.

LINEARE UND NICHT LINEARE GESCHICHTEN

In diesem Kapitel erfahren Sie,

- was die Eigenschaften von linearen und nicht linearen Geschichten sind,
- wie Sie diese Erzählweisen nutzen können,
- was Sie herbei beachten sollten.

F1 LINEARE GESCHICHTEN

Geschichten in klassischen Medien wie der Zeitung, der Zeitschrift oder im Kundenmagazin verlaufen bezogen auf Zeit und Inhalt linear. Auch viele Websites sind linear aufgebaut, wie die Beispiele der meisten Nachrichtenseiten und Blogs zeigen: Der Text verläuft auf der Page von oben nach unten, er enthält Links und eine Kommentarfunktion – das lineare Erzählen ist weitgehend beibehalten. Der Pfad der Geschichte ist also festgelegt, das Publikum kann ihm eindeutig folgen. Eine Ausnahme im linearen Erzählen wäre der Zeitsprung.

Abb. 30: Linearer Ablauf der Handlung.

F2 NICHT LINEARE GESCHICHTEN

Im Digital Storytelling sind durch die Vernetzung Querverweise auf andere Pages, Videos, Audiofiles und Inhalte möglich. Technische Interaktivität ermöglicht, gezielt Inhalte aufzusuchen und durch Klicken einen Pfad zu beschreiten. Persönliche Interaktivität lässt User sich über die Inhalte der Geschichte austauschen. Dies erfordert neue Wege des Geschichtenerzählens.

Chris Crawford sieht die Herausforderung des Digital Storytelling darin, dass Geschichten, die über längere Zeit das Publikum binden sollen, komplex sein müssen, aber auch einen roten Faden haben müssen. Eine Lösung wären Erzählungen mit ineinander verschränkter Aufgaben und Rätseln, Finden von Gegenständen, Sammeln von Informationen durch Gespräche mit anderen Personen, Lesen eines Buches und versteckte Fotoinhalte. Dies könnte den Lauf von Geschichten vorantreiben. Facebook ist ein Paradebeispiel für nonlineares Erzählen: Das Unternehmen arbeitet ständig an Algorithmen, um News auf uns abzustimmen, dadurch Spannung aufzubauen, damit wir viel Zeit auf der Plattform verbringen.

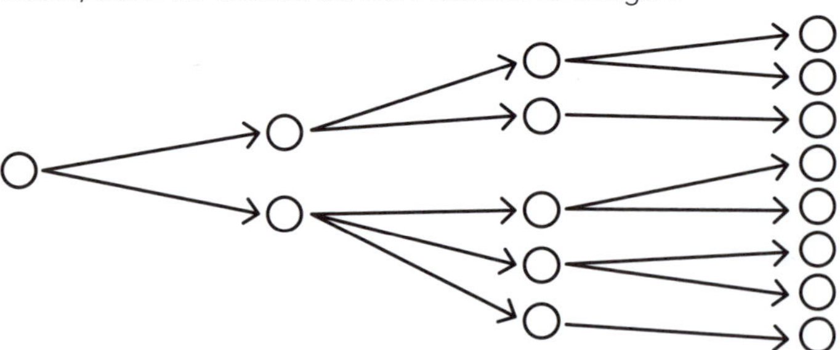

Abb. 31: Verästelte Erzählstruktur.

Interaktivität in digitalen Medien ermöglicht uns, die lineare Struktur aufzubrechen: Die Handlung können wir in Stücken erzählen, zum Beispiel als Puzzle. Unser Publikum muss wählen, welchen Puzzleteilen es in welcher Reihenfolge nachgeht. Falls sinnvoll, kann es den Fortgang unserer Handlung mitentscheiden. In der Kampagne „Giro sucht Hero" sind die User in einen Wettbewerb eingebunden. Für uns Erzähler bedeutet dies, Entscheidungen zu ermöglichen, um den Lauf der Handlung zu gestalten. Zum Beispiel sind unterschiedliche Einstiegsstellen in die Geschichte möglich („Rabbitholes", benannt nach dem Kaninchenbau in *Alice im Wunderland*, der Alice in eine andere Welt führt). Das Problem: Die Zahl der Alternativen wird schnell riesengroß. Chris Crawford hat dies in seinem Buch *Interactive Storytelling* vorgerechnet.

Drei Wege der Navigation

Zur Navigation hat der User folgende Wahl:

- **Planloses Verfolgen** von Links, bei der sich der User treiben lässt;
- **Zielgerichtete Verfolgung** eines Pfades;
- **Konkrete Suche** nach Inhalten unter Vernachlässigung eines konkreten Pfades.

Janet Murray hat mit *Hamlet on the Holodeck* den Grundstein für die Diskussion gelegt, wie die Medienästhetik des Computers das Geschichtenerzählen beeinflusst. Als wichtigste Dimensionen neben der „Immersion" (mediale Eingebundenheit) und „Transformation" (Wandlung durch Anonymität und Rollenspiel) hebt sie die „Agency" hervor, also den Wirkungsgrad des Users:„Agency is the satisfying power to take meaningful action and see the results of our decisions and choices" (Murray 1997: 126).

Beispiele für das Erleben von Agency sind die Freude der aktiven, ungeleiteten Navigation und die Exploration virtueller und realer Räume.

F3 NAVIGATION IN NICHT LINEAREN STRUKTUREN

Eine Herausforderung beim Vernetzen besteht im Digital Storytelling darin, dass Besucher ohne lineare Struktur die Orientierung behalten: Der Leser eines Buches weiß, wo es beginnt, dass ein Kapitel dem anderen folgt und wann das Buch zu Ende ist. In Digital Environments weiß er dies nicht. „Die Nutzer können auf dem Bildschirm immer nur einen kleinen Ausschnitt eines umfangreichen Dossiers sehen und müssen permanent entscheiden, wie tief oder breit sie sich informieren wollen, welchen Weg durch das Angebot sie wählen" (Meier 2002: 259).

Gute Orientierung ist daher essenziell für erfolgreiches Digital Storytelling. Ziel der Navigation ist, dass der User das klare Bild hat, welche Geschichten ihm das digitale Angebot bietet, wo er sie finden kann, wo er schon war und was er noch nicht gesehen hat. Um dieses Ziel zu erreichen, ist die Struktur der Geschichte von großer Bedeutung.

Orientierung durch Hauptstrang und Seitenstränge

Orientierung ermöglicht zum Beispiel ein Hauptstrang mit der Kerngeschichte (Core Story), der den User durch die Geschichte führt. Es gibt Abzweigungen mit interessanten Nebengeschichten. Aber immer wieder gelangt der User zum Hauptstrang zurück. Beispiel: Ein Link führt zur Geschichte eines Erfinders, der eine neue Technologie in der Medizin entwickelt hat; ein anderer Link führt zum Geschäftsführer, der die Bedeutung der Marken für die strategische Ausrichtung des Unternehmens erzählt. Protagonisten wie Experten können zu Wort kommen; ein Link zur Konkurrenz zeigt, was das Unternehmen einzigartig macht.

Oder der Hauptstrang könnte der Weg einer Marke sein – von der Forschung bis zum Kundenerlebnis; Seitenstränge führen den User zur Geschichte jenes Mitarbeiters, der die Idee zur Marke hatte; ein anderer Link zum Geschäftsführer, der die Bedeutung der Marke für die strategische Ausrichtung des Unternehmens erzählt. Protagonisten können von den Vorteilen der Marke erzählen; ein Link zur Konkurrenz verdeutlicht die Besonderheit der Marke. Unser Tipp: Erzählen Sie die Geschichte und lassen Sie die User wählen!

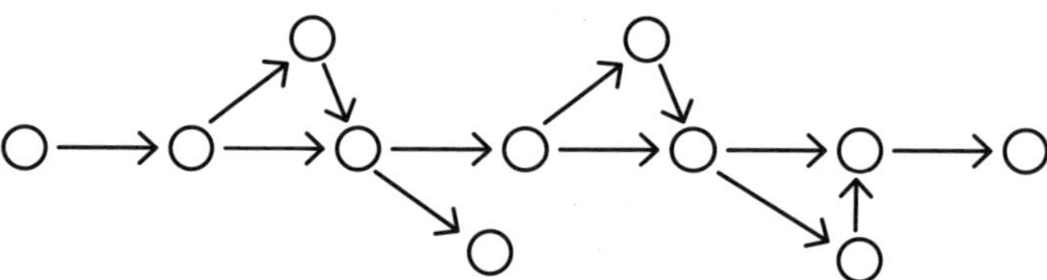

Abb. 32: Einfache nicht lineare Erzählung.

Weitere Orientierung im Story-Kosmos bieten Frames: Alle Geschichten sind auf dem Bildschirm sichtbar; ist der User der Geschichte gefolgt, wird das Feld schwarz.

Neues Wissen erforderlich

Nicht lineare Erzählungen erfordern spezielles Wissen, denn Non-Linearität erfordert neue Kenntnisse und Erzählformen: „Die Beherrschung neuer Technologien, Plattformen, Dienstleistungen und Anwendungen sowie ihre möglichen Verknüpfungen (wird) immer komplexer" (Haisch 2011: 90).

Grundlegend werden daher das Verständnis und die nutzerfreundliche Umsetzung von nicht linearen Informationssystemen sein. Die Rolle des Erzählers ändert sich und er benötigt zusätzliche Skills im Hinblick auf Methodik und Struktur des Erzählens.

F4 HERAUS-FORDERUNG INTERAKTIVITÄT

Je mehr Interaktivität desto besser – dies scheint das Credo vieler Autoren zum Interactive Storytelling. Jedoch gibt es Gründe, die dafür sprechen, den Einsatz von Interaktivität im Digital Storytelling einzuschränken:

Interaktivität kann das Eintauchen in die Geschichte bremsen. Dieses Eintauchen wird als „Flow" bezeichnet. Der Begriff stammt von Mihaly Csikszentmihalyi (1975). Er interviewte Schachspieler, Felskletterer und Tänzer. Ein Phänomen beschrieben nahezu alle: Es sei so, als würde die Zeit stehenbleiben, nichts außer der aktuellen Tätigkeit hatte mehr eine Bedeutung und nachher hatte keiner ein Gefühl dafür, wie lange es angedauert hatte. Csikszentmihalyi beschreibt „Flow-Erleben" mit einem völligen Aufgehen in einer glatt ablaufenden Tätigkeit. Hierbei geht es um die Tätigkeit an sich und nicht um das Ergebnis oder die Aussicht auf ein Ziel.

Wichtig für den Flow ist der Grad der Herausforderung: Ist er zu hoch, ist der User überfordert; ist er zu gering, langweilt sich der User und wird teilnahmslos. Regelmäßige Erfolgserlebnisse und damit erzeugte positive Gefühle unterstützen hingegen das Flow-Erleben. Das Problem beim Digital Storytelling: Interaktivität und Hypermedialität können das Eintauchen in die Geschichte behindern, wenn die User immer wieder über Orte, Personen und Handlungen entscheiden sollen. Dies hindert sie daran, der digitalen Welt und der Geschichte zu folgen.

- **Fehlende Alternativen:** Was geschieht, wenn der User eine andere Option wählen möchte als der Autor vorsieht? Dies kann zur Unzufriedenheit des Users führen.
- **Grenzen durch zu viele Entscheidungen:** Erkenntnisse zur Entscheidungsforschung zeigen, dass mit der Zahl der Entscheidungen nicht zwangsläufig die Zufriedenheit der Menschen steigt und auch nicht die Qualität ihrer Entscheidungen – zu viele Entscheidungen können überfordern. Und wie soll der User zwischen einer oder mehreren Optionen im Verlauf der Geschichte entscheiden, wenn er die Konsequenz dieser Entscheidung nicht kennt?
- **Storytelling mit Laien:** Eine Geschichte hat einen Autor. Der Profi weiß, was eine Geschichte ist, wie er sie erzählt und was spannend ist. Weiß dies auch der User? Wie soll dieser seine Geschichte über das Unternehmen und seine Marke erzählen, wenn er hierfür keine Anleitung hat? Ist das Ergebnis überhaupt eine Geschichte oder eine Erfahrung?
- **Zu starke Kontrolle:** Vorsicht ist geboten, weil der User durch zu starke Kontrolle durch den Autor Reaktanz zeigt (Stichwort: User-Souveränität). Dagegen könnte er bei zu wenig Führung orientierungslos werden. Es ist eine narrative Methode nötig, die dem User eine gewisse Entscheidungsfreiheit anbietet. Konsequent wäre es demnach, den User zu führen, ohne dass dies zwangsläufig als Fremdbestimmung sichtbar ist: „... art of interactive entertainment is the art of indirect control" (Schell 2003: 841).

Erfahrungen mit Virtual Reality

Die Erfahrungen mit Virtual Reality offenbaren die erwähnten Probleme: Der User erlebt sich in einer fantastischen Welt, die ihn umgibt. Folgende Fragen entstehen dabei:

- Welche Rolle hat er hier? Beim Digital Storytelling kann er sich diese aussuchen. Er kann entscheiden, ob er selbst in der Geschichte aktiv sein möchte – zum Beispiel über einen Avatar – oder er kann nur zuschauen.
- Welche Geschichte will er erzählen? Er erlebt sich als Held seiner Geschichte. Aber welche ist das?
- Wie soll er entscheiden? Der User müsste sich über jede Handlung den Kopf zerbrechen. Dies kann ihn völlig aus dem Flow reißen. Die Zahl der Entscheidungen können ihn überfordern, verunsichern und irritieren.

Anfangs wird es sinnvoll sein, den User zu leiten, zum Beispiel durch den Helden, dem der User folgt. Dies sichert die gute, spannende Geschichte, die angemessene Beteiligung des Users sowie dessen Flow.

Nutzerfreundlich inszenieren

So informativ, spannend und interessant Digital Storytelling sein kann – es sollte den Bezugsgruppen gemäß inszeniert sein: Die Geschichten sollten weder überfordern noch unterfordern. Bisher werden sie so erzählt, dass sich die Zuhörer zurücklehnen– also passiv sind – und sich die Geschichte erzählen lassen In digitalen Medien können die User selbst aktiv werden – doch ist künftig zu klären, ob sie das überhaupt wollen und, wenn ja, wie dies konkret umzusetzen ist. Letztlich wird beim Ausmaß der Kontrolle über die Geschichte durch den User auch dessen Persönlichkeit und Situation eine Rolle spielen.

Weiterlesen

Mehr zum Thema nonlineares Erzählen finden Sie bei Andrew Glassner (2004) und Chris Crawford (2013).

WAS DIGITALE GESCHICHTEN SPANNEND MACHT

In diesem Kapitel erfahren Sie,

- was Spannung ist,
- wie Spannung entsteht,
- wie Sie selbst Spannung in Ihrem Digital Storytelling erzeugen können.

Abb. 33: Spannung und Abenteuer bringen Geschichten voran.

Warum sind viele Geschichten in der Unternehmenskommunikation so langweilig, obwohl sie durchaus aufwendig hergestellt sind? Antwort: Ihnen fehlt Spannung. Gespannt sein heißt, sich involviert, gepackt und beteiligt zu fühlen und wissen wollen, wie es weitergeht. Dies sind Momente, in denen wir in der Geschichte versinken und alles um uns herum vergessen. Spannung (Suspense) ist entscheidend für den Erfolg von Geschichten. Wie entsteht sie? Wie können wir sie erzeugen? Wie entwickeln?

Spannung als Emotion

Spannung ist ein Körpervorgang, den wir psychisch erleben: Unser Körper ist aufgeputscht und aktiviert, was für das Aufnehmen und Speichern von Informationen wichtig ist. Diese Aufregung erleben wir positiv, selbst wenn es uns gruselt – sonst meiden wir die Geschichte. Sie kann sich im Verlauf so steigern, dass wir uns nicht von ihr lösen können. Überschreitet die Aufregung allerdings eine gewisse Schwelle, blockiert dies unser Lernen. Unser Gehirn ist so stark mit unseren Gefühlen und der Reaktion darauf beschäftigt, dass sich unser Verstand quasi ausschaltet.

G1 SPANNUNG DURCH UNSICHERHEIT UND ERWARTUNG

Für Alfred Hitchcock entsteht Spannung durch unterschiedliches Wissen von Autor und Publikum: Die Hauptfiguren seiner Filme haben oft innere Konflikte, zweifeln, sind unsicher – dies erzeugt Spannung, da das Publikum nicht sicher sein kann, ob die Figur ihre Pläne wirklich umsetzt. Überdies sind die Handelnden oft mit Situationen konfrontiert, die zunächst unlösbar scheinen – auch dies erzeugt Spannung, denn das Publikum rätselt, wie die Handlung weitergeht. Spannung hat also etwas mit der Unsicherheit in der Entwicklung der Geschichte zu tun und bedeutet auch zu mutmaßen, was als Nächstes passiert.

Pandora-Werbung „The Unique Connection"

Nicht nur die Eltern unter Ihnen wissen, dass Kinder vor allem zu ihren Müttern eine innige, herzliche und untrennbare Beziehung haben und es scheint als würde sie etwas Geheimnisvolles verbinden. Genau diese Magie machte sich Pandora zunutze und lieferte den passenden Werbespot „The Unique Connection". In diesem Spot sind einige Mütter zu sehen. Ihre Kinder machen sich mit verbundenen Augen auf die Suche nach ihrer Mutter. Sie ertasten Mütter von anderen Kindern. Doch sie merken und vor allem fühlen schnell: Die Mama ist woanders! Also machen sie sich weiter auf die Suche nach ihrer Mutter. Der Moment des Findens ist voller Sinnlichkeit und Leidenschaft: Dies ist MEINE Mama!

Abb. 34: Ist dies meine Mutter? Spannende Momente.

Letztlich erwarten wir, dass die Geschichte unser Weltbild bestätigt: Das Gute siegt, der Böse verliert, das Hässliche wird schön und der Arme wird reich. Bis zum Ende hoffen und bangen wir – sicher sein können wir indes nicht. In unserem Digital Storytelling können wir demnach Spannung als Cocktail aus Hoffen und Bangen erzeugen: Unser Publikum hofft auf ein gutes Ende für die Guten und ein schlechtes für die Bösen. Es fürchtet, dass die Geschichte anders ausgeht. Beispiel ist die DNA-Reise von Momondo.

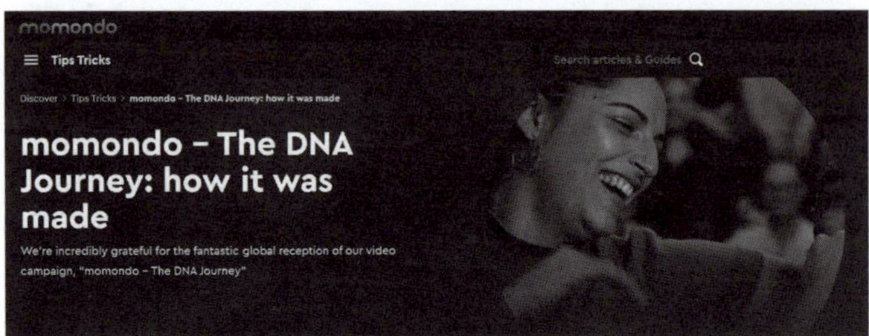

Abb. 35: Ist unser Weltbild bestätigt? Wir wollen die Antwort wissen.

Ein eindringliches Beispiel für die überraschende Wende zeigt Johnny Walker in seinem Video „Dear Brother" der beiden Nachwuchs-Regisseure Daniel Titz und Dorian Leiherz von der Filmakademie Baden-Württemberg. Brüderliche Liebe endet unerwartet (https://www.youtube.com/watch?v=h2caT4q4Nbs).

Praxistipps: Gestaltung von Spannung

Wie können wir sonst noch Spannung erzeugen?

- **Zeit:** Steht die Handlung oder der Held unter Zeitdruck ist dies eine hervorragende Quelle für Spannung: Wird er es schaffen? Wird es in der zur Verfügung stehenden Zeit gelingen? Beispiel ist der schnelle Lieferservice von Edeka (https://www.youtube.com/watch?v=klPJZ_hR0hl).
- **Interesse erzeugen:** Werfen Sie Fragen auf, deren Beantwortung den User sehr interessieren. Lassen wir den User rätseln und beschäftigen ihn eine Zeitlang damit!
- **Identifikation und Empathie erzeugen:** Unser Publikum sollte sich mit dem Helden identifizieren können, damit es mit dem Helden mitfiebern kann.

- **Interaktivität schaffen:** Lassen wir den User das Problem lösen! Ausprobieren, Erkunden und Testen führt zur Spannung und zum angenehmen Aha-Effekt.
- **Kontraste und Paradoxien,** zum Beispiel durch den Kontrast der Charaktere – breit gebauter Mann fürchtet sich vor einem harmlosen Tier.
- **Überraschungen,** wie die plötzliche Wende in der Handlung, beim Film „Plot Point" genannt.
- **Neugierde:** zum Beispiel interessante Themen, Bilder und Formulierungen, die sich nicht sofort erschließen.
- **Hinauszögern wäre,** wenn die Lösung durch eine Parallelhandlung aufgeschoben wird. Beispiel: Die Beziehung des Helden kommt vorerst nicht zustande durch ein Problem, das der User lösen muss, zum Beispiel mit Hilfe der Produkte und Dienstleistungen des Unternehmens.

G2 SPANNUNG DURCH DIE HELDENREISE

Die Technik der Heldenreise, die Sie bereits in Kap. D3 kennengelernt haben, lässt sich ebenfalls hervorragend zur Erzeugung von Spannung nutzen. Hier ein Beispiel aus der Pharmabranche:

- **Konflikt:** Auslöser der Handlung ist ein Konflikt, ein Mangel, zum Beispiel an Gesundheit (Sicherheitsmotiv) oder Leistungsfähigkeit (Dominanzmotiv). Spannung: Der User will wissen, wie sich der Konflikt entwickelt und ob er lösbar ist.
- **Der Held ist mit der Gegenhandlung beauftragt und zieht los:** Das Unternehmen will neue Medikamente entwickeln, um eine Krankheit zu besiegen und um die Gesundheit wiederherzustellen. Spannung: Wer wird mit der Lösung beauftragt?
- **Der Held kann Alternativen wählen:** Wir haben erlebt, dass es im Business hilfreich ist, alternative Handlungen aufzuzeigen: Das Unternehmen könnte das erforderliche Wissen selbst aufbauen und/oder durch Kooperation bzw. Übernahme einer spezialisierten Firma erwerben. Spannung: Welche Alternative wird der Held wählen?
- **Der Held wird auf die Probe gestellt und bekommt als Belohnung zusätzliche Unterstützung (z.B. durch einen Helfer):** Die Suche nach Experten gestaltet sich schwierig, aber dann findet sich doch der geeignete Fachmann. Spannung: Kann der Held den aufgetürmten Berg von Hindernissen beseitigen, die vor ihm liegen, und wie gelingt ihm dies?

- **Der Held gelangt an den gesuchten Ort und trifft dort auf seinen Gegenspieler:** Das Unternehmen versucht, mit seinen Innovationen die Krankheit einzudämmen und zu besiegen. Spannung: Wie geht der Kampf aus?
- **Der Gegner wird besiegt und die Mangelsituation behoben:** Das Unternehmen erkämpft sich eine gute Wettbewerbsposition. Spannung: Wird der Held erfolgreich kämpfen?
- **Der Held wird für seine Taten belohnt:** Das Medikament ist erfolgreich und heilt Krankheiten. Das Unternehmen und die Aktionäre werden durch Gewinne bzw. Renditen belohnt. Spannung: Wodurch wird der Held belohnt?

Die Heldenreise lässt sich nach den vier Besonderheiten der digitalen Medien gestalten:

Konflikt	Unterschiedliche Konflikte: physische Konflikte, psychische Konflikte
Alternativen	Mehrere Wege, wohin er zieht
Hindernisse	Unterschiedliche Prüfungen, die er zu bestehen hat
Helfer	Unterschiedliche Helfer, unterschiedliche Hilfsmittel wie Geld, Ideen, Werkzeuge, Einstellungen
Kampf	Gegen wen kämpft er? Wo kämpft er? Mit welchen Waffen kämpft er?
Sieg	Wie siegt er? Wie zeigt sich der Sieg? Warum siegt er?
Rückkehr und Belohnung	Unterschiedliche Belohnungen

Abb. 36: Die Heldenreise mit mehreren Alternativen durch Vernetzung und Interaktivität.

G3 SPANNUNG DURCH KONFLIKTE

Besonders aktivierend ist die Handlung mit einem Konflikt. „Stopp!" ist hier oft aus Unternehmen zu hören. „Wir reden nicht über Probleme und Konflikte". Folgende Argumente sollen dazu dienen, diese Haltung zu überdenken:

- **Ohne Konflikte wird die Geschichte unrealistisch:** Konflikte gehören zum Leben dazu, die Welt ist kein Ponyhof. Gibt es im Change keine Konflikte, ist dies ziemlich unglaubwürdig.
- **Wichtige Spannungsquelle geht verloren:** Gibt es keinen Konflikt, geht eine wichtige Quelle für die Orientierung und Spannung verloren, denn das Publikum will wissen, wie das Unternehmen die Konflikte löst.
- **Unternehmen kann den Umgang mit Konflikten erklären:** Konflikte kommen immer und überall vor. Im Storytelling bieten sie dem Unternehmen die Chance, zu zeigen, wie es Konflikte löst und Probleme bewältigt. Das Unternehmen zeigt damit seine Kompetenz. Hierdurch kann auch die Problemlösungs-Kompetenz der Mitarbeitenden steigen.

Wie also kann Spannung durch Konflikte entstehen? Der Held kämpft gegen Angst und Unsicherheit, („Sicherheit ist ein gutes Gefühl"), gegen Eintönigkeit und Langeweile („Like ice in the sunshine"), Unterlegenheit und Wut („Ich bin doch nicht blöd") sowie gegen Klischees und Vorurteile („Is mir egal").

Äußere und innere Konflikte

Höhepunkt des Konflikts ist eine äußere und innere Krise, eine gestörte Ordnung, die auf eine Lösung drängt. Insofern führen Konflikte und Krisen auch zu Wendepunkten – die Welt ist nach der Geschichte eine andere als sie es zuvor war. Am Ende der Handlung steht meist das Happy End, die positive Lösung. Der Konflikt kann ein Streit zwischen Menschen sein, ein Konflikt mit Normen, aber auch der innere Widerstreit von Motiven, Wünschen und Werten.

Klaus Fog und seine Kollegen arbeiten mit einem Konfliktbarometer: Ist der Konflikt zu schwach, ist die Handlung langweilig. Ist der Konflikt zu heftig, könnte das Publikum ihn ablehnen.

Weiterlesen

Wie spannende Geschichten entstehen, können Sie bei Marie Lampert und Rolf Wespe (2020) vertiefen.

STARKE GEFÜHLE VERSTÄRKEN

In diesem Kapitel erfahren Sie,

- wie Sie Ihre Bezugsgruppen in Ihre Geschichte emotional eintauchen lassen,
- wie Ihre Bezugsgruppen Ihre digitale Geschichte mit allen Sinnen erleben können und
- wie Sie Menschen einsetzen können, um das Erlebnis noch weiter zu steigern.

Abb. 37: Digital Storytelling kann starke Erlebnisse erzeugen.

Wir haben in Kap. A beschrieben, wie wichtig und wirksam Geschichten in unserer Unternehmenskommunikation sind, die positive Gefühle wie Begeisterung und Zufriedenheit auslösen. In diesem Kapitel möchten wir Ihnen vorstellen, wie Sie mehr Emotionen in Ihre Geschichten bringen und damit auch starke Gefühle bei Ihrem Publikum auslösen können.

H1 WICHTIGE GESCHICHTEN

Die Grundvoraussetzung für wirkungsvolle Geschichten ist, dass sie neu und wichtig sind: „Dabei gilt für alle Lebewesen, dass nur solche Informationen aufgenommen werden, die für den Organismus bedeutsam sind. Die Sinnessysteme, die Informationen aufnehmen, sind also bereits Filter im Hinblick auf bedeutsame Informationen. Es findet bereits eine [...] informatorische ‚Müllbeseitigung' statt. Es wird nur das zur Kenntnis genommen, was wichtig ist oder was wichtig sein könnte" (Pöppel 2008: 46).

Klaus Grawe schreibt: „Das Gehirn [...] erreichende Reize werden kontinuierlich daraufhin bewertet, wie neu und wie wichtig sie sind. [...] Wenn auf neu und/oder wichtig entschieden wird, kommt es zu einer bewussten Wahrnehmung und es beginnt ein vertiefter Verarbeitungsprozess, der die Bedeutung noch genauer klärt und zunehmend auf die Beantwortung des Reizes Einfluss nimmt" (Grawe 2004: 121).

Doch was ist wichtig für Menschen? Gibt es Modelle, die wir für unser Digital Storytelling nutzen können? Neuerdings ist auch die Rede von „relevantem Content", den unsere Geschichte bieten müsse – doch kaum einer sagt, was das eigentlich ist. Was also bedeutet „relevant"? So viel vorab: Relevant ist aus Sicht des Gehirns das, was uns hilft, zu entscheiden und zu handeln.

Werfen wir einen Blick in die Motivationspsychologie: Menschen bewerten ein Unternehmen und dessen Unternehmenskommunikation anhand der Bedeutung, die es für ihr Wohlbefinden hat: Hilft es mir, Gefahren zu erkennen und zu beseitigen? Hilft es mir, dass ich mich noch besser fühlen kann? Wichtig sind demnach alle

Informationen und Geschichten, die das Ziel unterstützen, Schlechtes zu meiden und Gutes zu finden.

Die vier Motivsysteme des Menschen

Menschen handeln also auf der Basis von Zielen, Wir können diese auch Motive, Antriebe oder Beweggründe nennen: Wir bewerten Unternehmen und Marken danach, ob und wie stark sie uns helfen, diese zu erfüllen. Vier Motivsysteme haben wir: Leistungsmotiv, Beziehungsmotiv, Machtmotiv und Freiheitsmotiv. Leistung ist der Antrieb, Herausforderungen zu meistern; Beziehung ist das Streben nach sozialem Kontakt und guten Bindungen; Macht ist der Antrieb, etwas bewegen zu wollen. Das Freiheitsmotiv ist das Bedürfnis nach freiem Selbstsein.

Die vier Motivsysteme des Menschen

- Leistungsmotiv
- Beziehungsmotiv
- Machtmotiv
- Freiheitsmotiv

Leistung

Menschen mit ausgeprägtem Leistungsmotiv sind neugierig, sie wollen Dinge erforschen, Neues lernen und ihre Kompetenzen erweitern. Sie vergleichen ihre Leistung gern mit vorangehenden eigenen Resultaten oder mit Konkurrenten/Mitspielern. Leistungsmotivierte stellen sich Herausforderungen, bei denen sie sich bewähren können oder versagen. Anreize sind selbstständiges Lösen schwieriger Aufgaben, was Stolz und Zufriedenheit auslöst. Der Leistungstyp meidet Beschämung und Niedergeschlagenheit durch Misserfolg. Typische Aussagen:

- Ich liebe Geschichten über neue Herausforderungen.
- Ich will immer besser werden.
- Wenn ich weniger Fehler mache als beim letzten Mal, dann ist das ein Erfolg.
- Ich entwickele eigene Methoden, um meine Aufgaben zu lösen.

Beziehung

Das Beziehungsmotiv steht für den Wunsch nach sozialen Kontakten und Freundschaften – auch beruflich. Wichtig sind Nähe, persönliche Begegnung und freundschaftliche Beziehungen zu anderen Menschen. Weitere Ziele sind. Geborgenheit, Wärme, Sicherheit, Herzlichkeit und Freundlichkeit. Typische Aussagen sind:

Ich liebe Geschichten über Beziehungen zwischen Menschen, die sich verstehen und in Harmonie leben.

- Ich möchte Menschen näher zueinander zu bringen.
- Gutes Klima mit anderen ist mir wichtig.
- Ich liebe Netzwerken.

Abb. 38: Menschen streben danach, gute Beziehungen aufzubauen.

Macht

Für Machtmotivierte ist es wichtig, etwas zu bewegen. Sie möchten Einfluss auf andere Menschen oder die Situation ausüben. Sie streben Führungsverantwortung an und möchten die Richtung in Gruppen vorgeben. Machtorientierte lieben es, mit viel Energie vorzugehen, Durchsetzungskraft und Beharrlichkeit zu zeigen – auch gegen Widerstände. Typische Aussagen sind:

- Ich liebe Geschichten darüber, wie Menschen etwas bei anderen Menschen bewirken.
- Ich freue mich, wenn jemand meinen Rat braucht.
- Ich genieße es, anderen Menschen mein Wissen weiterzugeben.

Abb. 39: Das Gefühl von Überlegenheit im Machtmotiv.

Freiheit

Das Freiheitsmotiv steht für Unabhängigkeit, Eigenständigkeit, Selbsterkenntnis und Selbstwachstum. Beim Freiheitsmotiv geht es im Gegensatz zum Machtmotiv um Freiheit nach innen, also um

Selbstentfaltung, während es beim Machtmotiv um nach außen gerichtete Selbstbehauptung geht. Wichtig ist, sich frei zu fühlen, unabhängig von inneren und äußeren Zwängen zu sein. Typische Aussagen sind:

- Ich liebe Geschichten, wie Menschen selbstbestimmt leben und innerlich wachsen.
- Ich habe volles Vertrauen in meine Fähigkeiten.
- Ich überlege mir gern, wie ich das für mich am sinnvollsten lösen könnte.
- Ich möchte meinen eigenen Weg gehen.

Jeder Mensch trägt alle vier Motivsysteme in sich. Sie sind jedoch unterschiedlich stark ausgeprägt – wir unterschieden uns im individuellen Persönlichkeits-Mix.

Unternehmenskultur

Die vier Grundmotive bestimmen übrigens auch das Denken, Fühlen und Handeln im Unternehmen, also die Unternehmenskultur und die (digitalen) Geschichten darüber. Was herrscht vor: Einzelkämpfertum oder Teamgeist? Gleichberechtigte oder einseitige Beziehungen? Herausforderungen meistern oder träge Gelassenheit? Schließt ein Außendienstmitarbeiter einen Vertrag ab, auch wenn er Nachteile für den Kunden hat? Oder berät er ihn umfassend und verzichtet eventuell auf einen Vertrag? Diese Haltungen beeinflussen, wie ein Unternehmen mit seinen Bezugsgruppen redet, ob es auf die Wünsche und Erwartungen seiner Bezugsgruppen eingeht (Kundennähe), ob seine Mitarbeiter rechtzeitig und umfassend informiert sind, wie sie mit Konflikten und Kritik umgehen.

Checkliste: Motive Ihres Unternehmens

- **Bindungsmotiv:** Welche Bedeutung haben Sicherheit, Geborgenheit, Bindung und Fürsorge für Ihr Unternehmen?
- **Leistung:** Welche Bedeutung haben Entdeckung, Leistung, Gütemaßstäbe und Erfolg für Ihr Unternehmen?
- **Macht:** Welche Bedeutung haben die Einflussnahme auf Menschen sowie Gestaltungskraft und Überlegenheit für Ihr Unternehmen?
- **Freiheit:** Wie wichtig ist persönlicher Freiraum, Selbstbestimmtheit, Selbstwachstum im Unternehmen?

Welcher einzigartige Mix ergibt sich hieraus für Ihr Unternehmen? Welche einzigartigen Belohnungen können Sie aufgrund der Motive Ihres Unternehmens für Ihre Bezugsgruppen anbieten?

Aus dieser Analyse können Sie Ihre Geschichten für Ihr Corporate und Ihr Digital Storytelling entwickeln (siehe Kap. D).

Rolle der Gefühle

Wie hängen Ziele und Gefühle zusammen? Gefühle sind wichtige Signalgeber, ob und wie stark es uns gelingt, unsere Motive so zu leben, dass es uns gut geht. Sorgen wir für ausreichende soziale Beziehungen, fühlen wir uns sicher und geborgen – können wir dies nicht verwirklichen, fühlen wir uns einsam. Wir genießen, Einfluss bei anderen auszuüben und Dinge voranzubringen und wir meiden das Gefühl von Unterlegenheit. Statt Langeweile möchten wir angeregt sein und etwas leisten. Gefühle gehen immer einher mit Körperreaktionen wie einem wohligen Gefühl im Magen, einer Gänsehaut, Verspannungen in der Schulter oder Angstschweiß. Diese Körpersignale – „somatische Marker" genannt – erleichtern den Zugang zu unseren Gefühlen und liefern wertvolle Hinweise zu unseren Motiven. Spricht also Ihr Digital Storytelling die Motive der Bezugsgruppen an, fühlen sie sich gut – sicher, angeregt, stark, frei.

Konsequenzen für Ihr Digital Storytelling

Welche Entscheidungen können Sie aus dem Motivsystem für Ihr Digital Storytelling ableiten?

- **Positionierung des Unternehmens und seiner Leistungen:** Sie könnten Ihr Unternehmen und dessen Leistungen so positionieren, dass Ihre Bezugsgruppen ein klares Vorstellungsbild davon entwickeln können, welche Motive sie ansprechen und wie sie zur Befriedigung dieser Motive einzigartig beitragen (Goal Value). Dies verankern Sie in Ihrem Erlebnisversprechen (siehe Kap. D2).
- **Wahl von Bezugsgruppen:** Sie können Bezugsgruppen danach bilden, welche Motive Sie bei diesen Bezugsgruppen ansprechen. Welche Motive also haben Mitarbeitende, Kunden und Journalisten und was bedeutet dies für Ihre digitale Geschichten?
- **Wahl der Geschichten:** Sie können aus den Zielen/Motiven die Kerngeschichte für Ihr Unternehmen und dessen wichtige Bezugsgruppen ableiten (siehe Kap. D3).
- **Wahl der Gefühle:** Wenn es heißt: „Wir müssen emotionaler werden", dann können Sie anhand der Ziele mit den dazugehörigen Gefühlen deutlich konkreter vorgehen.

Die Motive ermöglichen Ihnen also zum einen den Zugang in das Entscheidungsverhalten Ihrer Bezugsgruppen; zum anderen können Sie eine einzigartige, höchst verhaltenswirksame emotionale Erlebniswelt aufbauen, die Sie von Mitbewerbern abgrenzt und Vorteile im Wettbewerb verschafft.

H2 EINTAUCHEN IN GESCHICHTEN

Packt uns ein Erlebnis derart, dass wir alles um uns herum vergessen und in einen angenehmen Fluss geraten, sprechen Experten von „Immersion". Der Begriff stammt aus dem Gaming und der Virtual Reality und bezeichnet das Eintauchen in die digitale, virtuelle Welt. Zunächst schienen Filme am besten für Immersion geeignet: „Immersion kann in diesem Kontext als konkreter leiblicher oder rein imaginativer Akt des Hineintretens in ein Medium verstanden werden. Sie muss folglich als eine Bewegung oder ein Übergang in den Raum des Bildes hinein definiert werden. [...] Jeder dieser medialen Akte ist als eine Realisierung des Virtuellen oder Fiktiven in unsere alltägliche Wirklichkeit hinein zu verstehen [...], die sich im Erleben des Medialen konkret auf den Rezipienten oder Partizipierenden auswirkt" (Jahrbuch immersiver Medien 2012).

Drei Formen der Immersion lassen sich unterscheiden:

- **Technische Immersion:** Eintauchen in die Technik, die uns fesselt und Neues entdecken oder uns überlegen fühlen lässt (siehe Kap. E). Sie wird durch realitätsgetreue Darstellung und VR-Schnittstellen bedingt, wie zum Beispiel Datenanzüge, Datenhandschuhe, Head-Mounted Displays, die komplett von der Umwelt abschotten und das Eintauchen in die virtuelle Welt bewirken.
- **Inhaltliche Immersion:** Die Geschichte ist derart spannend, dass sie uns fesselt und nicht mehr loslässt (siehe Kap. G).
- **Sensorische Immersion:** Die Erlebniswelt spricht alle Sinne an und lässt uns träumen (siehe Kap. H3).

H3 GESCHICHTEN MIT ALLEN SINNEN ERLEBEN

Digitale Geschichten wirken dann am stärksten, wenn sie mit einem einzigartigen Bündel von starken Gefühlen einhergehen. Eine Quelle starker Erlebnisse können sensorische Eindrücke sein, die wir über alle Sinne aufnehmen. Jedoch wirkt immer wieder behauptet, dass im digitalen Raum keine starken Erlebnisse entstehen können – „Has a website ever made You cry?" war eine oft zu lesende Frage in den 1990er-Jahren. Und multisensorische Eindrücke könnten schon gar nicht entstehen.

Falsch! User können unsere digitalen Geschichten sehen, hören, schmecken, riechen und tasten. Wie bitte? Im Internet sehen und hören: Na klar! Aber auch riechen, schmecken und tasten? Ja! Das geht, wenn wir wissen und beachten, wie unser Gehirn arbeitet, wie wir Informationen verarbeiten, speichern und abrufen. Doch bevor wir uns dies näher anschauen, erst einmal einige Erläuterungen zur Bedeutung der „Multisensorik".

Bedeutung multisensorischer Erlebnisse

Das Unternehmen und seine Marken sollten starke Gefühle bei unseren Usern auslösen, um langfristige, tiefgehende Beziehungen entstehen zu lassen. Konsumenten beachten jene Marke, die ihnen Erlebnisse bietet und emotional stimuliert. Besonders wichtig ist das Sehen: Wir nehmen unsere Umwelt zu 83 Prozent über die Augen auf. Der visuelle Eindruck prägt oft entscheidend unser Urteil, wie die Luxusmarken Swarovski, Porsche und BMW zeigen. Die enorme Wirkung des Sehens erklärt auch die große Bedeutung von Bildern in digitalen Medien: Digitale Medien wie das World Wide Web waren von Anfang an sehr visuell ausgerichtet, zum Beispiel über Buttons und Grafiken, heute über Bilder, Videos, Games und Virtual Reality.

Optisch	83,0 Prozent	Augen
Akustisch	11,0 Prozent	Ohren
Olfaktorisch	3,5 Prozent	Nase
Haptisch	1,5 Prozent	Haut/Bewegung
Gustatorisch	1,0 Prozent	Zunge

Abb. 40: Wie wir Informationen über unsere Sinne aufnehmen.

Sind alle fünf Sinnsysteme angesprochen, entsteht die 10-fache Wirkung. Das Gehirn reagiert um ein Vielfaches stärker auf einen zugleich gesehenen, gehörten, gefühlten, gerochenen und geschmeckten Reiz als auf die jeweiligen Reize allein. Dies wird als „Multisensory Enhancement" bezeichnet.

Multisensorik im Digital Storytelling

Entgegen vieler Annahmen können in digitalen Medien multisensorische Eindrücke entstehen. Hierbei werden bereits gespeicherte sensorische Netzwerke aus einer anderen Quelle aktiviert. Beispiel: Beim Anblick eines Apfels weiß der Betrachter (besser: er erinnert sich), wie er schmeckt, wie er riecht, wie er sich anfühlt. Er kennt das Geräusch beim Hineinbeißen. Hierfür nutzt das Gehirn die visuellen Signale sowie weitere Informationen aus dem sensorischen Gedächtnis und verarbeitet sie, dass ein möglichst komplettes inneres

Bild der Wirklichkeit entsteht. So ist es möglich, durch visuelle Reize auch andere Sinne zu aktivieren. Können Sie sich vorstellen, wie sich der Apfel in Abb. 41 anfühlt? Wie es ist, in ihn hineinzubeißen? Wie er schmeckt?

Abb. 41: Als ob wir ihn fühlen, riechen und schmecken könnten.

Sinnesorgane ergänzen sich

Die Sinnesorgane arbeiten nicht getrennt voneinander, sondern sie ergänzen sich: So wirkt sich die glatte Oberfläche des Café-Tisches auf den Geschmack des Kaffees aus; blaue Wände lassen den Raum kälter erscheinen; der dicke, griffige Kranz eines Lederlenkrads vermittelt den Eindruck eines Sportautos; Wein schmeckt im Urlaubsland häufig besser als zu Hause. Ein anderer Effekt ist der „Imagery Transfer", bei dem Sinneseindrücke aus einer anderen Quelle aktiviert werden: So kann das innere Bild einer Karibiklandschaft allein schon durch die Geräusche von Wellen und Wind entstehen.

Wie lässt sich dies erklären? Durch plastische Veränderungen im Gehirn können sich Gruppen von Nervenzellen bilden. Forscher Donald Hebb (1949) bezeichnet sie als „neuronale Netzwerke" (Cell Assemblies). Diese neuronalen Netzwerke sind die Bausteine des Gedächtnisses. Neuronale Netze entstehen dadurch, dass ein Reiz bestimmte Muster gemeinsam auslöst – beim Gedanken an eine Marke entsteht nicht eine Assoziation, sondern es entstehen viele. Das Logo von BMW löst viele weitere Assoziationen mit der Automarke aus. Geschieht dies wiederholt, stärkt sich dieser gesamte Nervenkomplex.

Sinneseindrücke speichern wir also ganzheitlich in sensorischen Netzwerken. Die Aktivierung eines Sinnenreizes reicht, um das gesamte Netzwerk zu stimulieren: Das Alpenschema besteht aus frischer Höhenluft, den Klängen von Kuhglocken, dem Geruch des Waldes, dem Tastgefühl, wenn wir eine Blume pflücken. Das Tropenschema ist verbunden mit heißer Luft, Palmen, weißem Sand, Wellengeräuschen, Kokosgeschmack. Das Weihnachtsschema umfasst den Blick auf den Weihnachtsbaum, Zimtgeruch, Kerzenduft, Plätzchengeschmack.

Ist ein bestimmtes Erregungsmuster durch häufiges Wiederholen gut gebahnt und damit zu einer „Cell Assembly" verbunden, ist diese Gruppe von Nervenzellen immer leichter aktivierbar. Als Ergebnis der Erlebnisse und den damit verbundenen Lernprozessen entsteht ein neuronales Netzwerk von Unternehmen und dessen Marken mit sämtlichen Assoziationen, Erlebnissen, Vorstellungen, Erinnerungen – auch multisensorischen. Wichtig hierbei sind konzentrierte Eindrücke, die den Aufbau von dauerhaften Assoziationen durch gezieltes und häufiges Wiederholen offline und digital unterstützen.

Das eindrückliche Beispiel von PETA zeigt durch Virtual Reality die Lebenswelt von Tieren in Gefangenschaft. Ein Erlebnis, das unter die Haut geht.

Abb. 42: #eyetoeye – Der erste Dialog zwischen Mensch und Tier.

Checkliste: Multisensorik im Digital Storytelling

1. Welche sensorischen Erlebnisse erzeugt Ihr Digital Storytelling auf Basis des Erlebnisversprechens?
2. Wie wirken sich diese Erlebnisse auf alle Sinne aus? Welche Sinne sprechen Sie an?
3. Was sehen wir?
4. Was riechen wir in Ihrer Geschichte?
5. Was schmecken wir?
6. Was ertasten wir?
7. Was hören wir?
8. Wie nutzen Sie gespeicherte Sinnes-Erlebnisse Ihrer User, um diese zu aktivieren?
9. Welche Multisensorik nutzen nur Sie?

Am Digital Storytelling beteiligter Sinn	Sinnes-eindruck	Aktivieren Sie durch
Sehen		
Hören		
Schmecken		
Riechen		
Tasten		

Abb. 43: Multisensorik im eigenen Digital Storytelling.

Digital Brand Code Book

Das „Digital Brand Code Book" fasst die festgelegten Codes für die digitalen Storys zusammen.

Codes	Dimensionen	Eigenes Storytelling
Sensorik	Sehen Riechen Schmecken Tasten Hören	
Symbolik	Logo Schlüsselbilder	
Semantik	Kernbegriffe Tonalität der Sprache (Anmutung, Stil)	
Episodik	Menschen Orte Handlungen Konflikt	

Abb. 44: Die Elemente des Digital Brand Code Book.

H4 MENSCHEN ALS EINZIGARTIGE STIMMUNGSMACHER

Kennen Sie das? Wir werfen einen kurzen Blick auf ein Foto. Sofort sind wir magisch von einem Menschen auf dem Bild angezogen. Fasziniert gleiten unsere Augen über Gesicht, Kleidung und Körperhaltung. Die Zeit eines Wimpernschlages reicht aus, um alles aufzunehmen. Wir scheinen zu wissen, wie dieser Mensch sich anfühlt, wie er riecht, wie seine Stimme klingt. Wie aber können wir einen Menschen so schnell erfassen? Wie können Bilder von Menschen uns so schnell und tief ins Herz treffen? Und warum können wir uns so lange daran erinnern?

Zunächst einmal: Unser Gehirn ist ein soziales Gehirn. Nichts interessiert uns im Leben mehr als andere Menschen. Wir orientieren uns an ihnen, sie geben uns Sicherheit, gemeinsam schaffen wir herausragende Leistungen. Gelungene Beziehungen tun uns gut. Wichtig ist, dass wir Menschen erkennen, die uns Gutes tun und solche, die uns schaden. Freund oder Feind? Studien belegen, dass weniger als eine Sekunde genügt, um ein umfassendes Urteil über unser Gegenüber zu fällen. Auch wenn wir glauben, wir beurteilten andere Menschen sorgfältig und bewusst: Unser Urteil steht schon fest, bevor sich unser Verstand eingeschaltet hat und wir dies mitbekommen.

Auch für Unternehmen haben Menschen herausragende Bedeutung: Facebook verbinden wir mit den inneren Bildern von Mark Zuckerberg, Amazon mit Jeff Bezos, Apple immer noch mit Steve Jobs und Virgin mit Richard Branson.

Wirkung von Menschen

- **Auffallen:** Menschen beachten und erkennen wir besonders schnell, ein Wimpernschlag reicht aus.
- **Aufnehmen:** Wir bevorzugen Menschen auf Bildern – wir nehmen sie leicht und schnell wahr.
- **Verdichten:** Ein Mensch kann die vielfältigen Facetten von Marken überzeugend aufzeigen, wie z.B. George Clooney für Nespresso.
- **Einsatz:** Menschen werden weltweit sehr ähnlich bewertet, zum Beispiel deren biologische Schönheit.
- **Einzigartig:** Das Unternehmen, das wir mit einem klaren, attraktiven Bild verbinden, wirkt besonders stark auf unser Verhalten wie die Beispiele von Trigema und Wolfgang Grupp zeigen.
- **Klarheit:** Menschen machen Unternehmen und Marken anschaulich. Besonders wichtig ist dies für Dienstleister, deren Service immateriell ist, also nicht greifbar und daher keinen visuellen Vertrauensanker bietet.
- **Echtheit:** Personen wirken authentischer als Behauptungen, von denen der Empfänger nicht weiß, ob er sich auf sie verlassen kann.
- **Gefühle:** Menschen können besonders gut Gefühle vermitteln und auslösen. Ein herausragendes Beispiel für Geschichten über Menschen ist „Das Leben is a freid" über den Obststandl Didi in München (siehe Abb. 45). Großartig!

Abb. 45: Das Beispiel des Obststandes Didi zeigt, wie stark Menschen wirken können.

Spiegelphänomene

Wie ist die starke Wirkung von Menschen zu erklären? Wieso können wir mit ihnen denken, fühlen und uns an deren Taten orientierten? Die Antwort liegt in speziellen Nervenzellen, „Spiegelneuronen" genannt. Sie lassen uns das Denken, Fühlen und Handeln von anderen Menschen innerlich reproduzieren, also spiegeln. Hiermit können wir deren Gedanken und Gefühle wie Freude und Ekel verstehen und Handeln vorhersagen. Dies geschieht unbewusst und unkontrolliert. Spiegelphänomene gibt es bei Mutter und Kind: Die Mutter öffnet beim Füttern den Mund, damit das Baby dies nachahmt. Menschen erwidern das Lächeln des Gegenübers. Gähnt eine Person, gähnen wir auch. Wechselt unser Gegenüber die Haltung, wechseln wir sie auch. Menschen können uns mit ihrer Begeisterung und ihrer Sehnsucht anstecken – aber auch mit ihrer Langeweile.

Wir denken, fühlen und handeln wie andere

Spiegelphänomene sorgen dafür, dass Menschen voneinander lernen können, wenn sie sich nur zuschauen oder gar nur zuhören. Der größte Unterschied zum eigenen Erleben scheint die Intensität zu sein: Was Menschen selbst erleben, aktiviert Tausende von Sinneszellen – beim Zuschauen feuern nur wenige. Im Kino beispielsweise sehen wir Leonardo DiCaprio und Kate Winslet, wie sie mit ausgestreckten Armen am Bug der Titanic stehen und wir strecken in unserer Vorstellung ebenfalls die Arme aus. Fahrtwind bläst ihnen ins Gesicht. Auch wir meinen, die frische Meeresbrise zu spüren. Minuten später: Passagiere versuchen verzweifelt, das sinkende Schiff zu verlassen. Jetzt rast auch unser Herz, wir kämpfen uns mit ihnen gemeinsam durch die Gänge, ergreifen unterwegs noch das am Boden liegende Kind und sind bereit zum Sprung ins Meer. Spiegelphänomene gaukeln uns vor, die Szenen auf der Leinwand tatsächlich zu erleben – wir reagieren beim Beobachten so, als würden wir selbst handeln.

Schon allein das Zuhören aktiviert das Mitempfinden, wie die Hirnforscherin Tanja Singer für den Schmerz herausgefunden hat.

Wir versuchen zu denken, was andere denken

Wir können uns in die Gedankenwelt anderer Menschen hineinversetzen – Fachleute haben zur Erklärung dieses Phänomens die „Theory of Mind" entwickelt. Wir spekulieren, was die andere Person denkt und erkennen dies in uns selbst, also in unseren Gefühlen, Bedürfnissen, Ideen, Absichten, Erwartungen und Meinungen. Im Digital Storytelling können wir die innere Beteiligung der User (Involvement) erhöhen, indem wir sie gedanklich einbeziehen, zum

Beispiel durch Aufgaben, die sie lösen müssen, oder Gedanken, die sie deuten müssen („Was geht gerade im Helden vor?").

Checkliste: Involvement des Users

- Welche Gedanken, Zweifel, Überlegungen sind für unser Digital Storytelling wichtig?
- Wie können wir den User gedanklich einbeziehen, zum Beispiel durch Aufgaben oder Probleme, die der Held lösen muss: „Was kann ich nur tun, um mein Problem zu lösen …?"
- Zeigen wir, wie z.B. Kunden unsere Leistungen nutzen können? Zeigen wir, wie andere dies tun? Zeigen wir hierbei die Erlebnisse, die mit unserem Produkt verbunden sind?

Wir fühlen wie andere

Wir können mit anderen fühlen, zum Beispiel deren Freude und deren Schmerz. Auf Bildern prüfen wir hierzu vor allem anhand von Augen und Mund der abgebildeten Menschen, wie diese sich fühlen. Fühlen sie sich schlecht, wollen wir wissen warum und meiden deren Handlungen. Fühlen sie sich gut, wollen wir uns an ihnen ein Beispiel nehmen und uns auch gut fühlen. Dies ist das Grundprinzip der Werbung: Zeige dem Konsumenten, wie er sich fühlen wird, wenn er die Marke kauft!

Als Kunde stellen wir das aufgrund des gesehenen Bildes das zu erwartende Erlebnis durch die Marke körperlich selbst her. Hiermit senken wir auch das Risiko, eine falsche Entscheidung zu treffen. Dies ist der Grund, warum Käufer andere Käufer beobachten, um mögliche Rückschlüsse auf ihr eigenes Erleben zu ziehen.

Abb. 46: Werbung zeigt, wie sich Kunden fühlen (sollen).

Checkliste: Menschen und Gefühle

- Welche einzigartig belohnenden Gefühle kennzeichnen Ihr Unternehmen und dessen Leistungen?
- Wie zeigen sich diese Gefühle bei Menschen auf Bildern und in Videos?
- Haben Sie Bilder und Videos eingesetzt, die diese Mimik möglichst oft zeigen?

Unsere Gefühle sind ansteckend

Zu den Spiegelphänomenen gehört, dass wir unsere Gefühle von anderen wecken und befeuern lassen. Experten nennen dies „soziale Ansteckung" (Social Contagion). Gefühlsansteckung bedeutet, dass die beobachteten Gefühle beim User unwillkürlich Imitationen auslösen. Soziale Ansteckung bedeutet, dass sich Gefühle in einer Gruppe ausbreiten – zum Beispiel einer Community in Social Media –, weil die Beteiligten ihre Gefühle und Handlungen spiegeln. Viele Alltagsphänomene zeigen, wie ansteckend Gefühle sein können und wie wir sie imitieren: Lachen Menschen in einer Gruppe, lachen andere gerne mit. Diese Spiegelungen können längerfristige Stimmungen betreffen, aber auch kurzfristig sein wie spontanes Lachen und Weinen. Viele von uns kennen Sketchsendungen, in denen als Tonspur (Laugh Track) das Lachen eines nicht vorhandenen Publikums eingespielt wird. Auch solche Lachmaschinen wecken heitere Empfindungen. Sorgen wir also für positive Erlebnisse, so wirken sie sich auf die gesamte Gruppe aus.

Checkliste: Erlebnisse

- Welche einzigartig attraktiven Erlebnisse kennzeichnen Ihre Marke?
- Wie zeigen möglichst viele der Figuren (Held, Kunde, Mitarbeiter) diese Erlebnisse?

Wir schauen dahin, wo andere schauen

Ein weiteres „ansteckendes" Spiegelphänomen ist die gemeinsame Aufmerksamkeit von Menschen (Joint Attention). Für erfolgreiches soziales Miteinander müssen wir die Erwartungen, Wünsche und Absichten des Gegenübers verstehen. Wichtiger Schritt ist es hierfür, dessen Handlungsziele zu erfassen, die sich in seinem Blick verraten. Ziel ist, unsere eigene Aufmerksamkeit diesen Zielen zuzuwenden und damit gemeinsame Aufmerksamkeit zu schaffen. Wo der andere hinschaut, dort schauen wir auch hin. Blickt in einer Gruppe jemand zur Decke, folgen die anderen seinem Blick. Somit kann unser Digital Storytelling die Aufmerksamkeit der User durch gerichtete Blicke unseres Helden auf wichtige andere Menschen lenken oder auf Produkte und Markensymbole.

Checkliste: Erlebnisversprechen

- Welche Elemente sind wichtig, um unser Erlebnisversprechen zu lernen?
- Wie sorgen wir dafür, dass sich die Aufmerksamkeit des Users nach deren Wichtigkeit auf sie richtet?

Wir handeln wie andere

Durch Beobachten anderer Menschen können wir Handlungen erlernen. Beim Modell-Lernen orientieren wir uns beim Handeln an Vorbildern. Spiegelphänomene regen die Bereiche unseres Gehirns an, die unser Handeln steuern. Richard Davidson und Sharon Begley berichten vom „virtuellen Klavierunterricht“: In Harvard ließ ein Team von Wissenschaftlern die Hälfte einer Gruppe von Freiwilligen eine Woche lang am Klavier immer und immer wieder ein einfaches Fingerstück mit der rechten Hand üben. Anschließend bestimmten sie mithilfe von Computertomografien, wie viel von dem für die Bewegung dieser Finger zuständigen motorischen Kortex dabei in Anspruch genommen wurde. „Dabei stellten sie fest, dass das intensive Üben zu einer Vergrößerung der betreffenden Region geführt hatte. Dies war nicht überraschend, weil bereits in anderen Experimenten nachgewiesen worden war, dass das Einüben bestimmter Bewegungsabläufe zu einer solchen Vergrößerung führt. Doch die Wissenschaftler hatten der anderen Hälfte ihrer Studienteilnehmer die Aufgabe gegeben, die Noten nur in ihrer Vorstellung einzuüben. Bei ihnen hatte sich der Gehirnbereich, der die Finger der rechten Hand steuert, genauso vergrößert wie bei den Probanden, die tatsächlich am Klavier gesessen hatten. Allein das gedankliche Spielen hatte also den für diese spezifische Funktion zuständigen Raum im motorischen Kortex wachsen lassen“ (Davidson/Begley 2012: 444).

Checkliste: Handlungen

- Welche Handlungen sollte der User lernen? Die Handhabung Ihrer Produkte?
- Wer zeigt, wie dies funktioniert?
- Wie sorgen Sie dafür, dass diese wichtige Handlung wiederholt gezeigt wird?

Best-Practice-Beispiel: Patagonia

Multisensorik und Spiegelphänomenen lassen sich gut anhand der Website von Patagonia demonstrieren: Die Gestaltung der Landing Page ist minimalistisch – sie wird dominiert von fünf sich abwechselnden Bildern, die den Frame ausfüllen. Reiseabenteuer von Freunden und Botschaftern von Patagonia sind in Bewegtbildern abrufbar. Beispielsweise ist ein Segel-Kletter-Abenteuer von vier Männern und ihrem Kapitän in Grönland in fünf Episoden als Video-Tagebuch dargestellt.

Zusätzliche Informationen, wie die Reiseroute oder Höhenangaben, werden für eine schnelle Aufnahme und Abspeicherung anhand kurzer Animationen eingefügt. Durch die animierte Reiseroute erhält der User ein genaues Bild, wo sich die Crew in Grönland befindet und welche Höhen sie beim Klettern überwindet.

Die Videos beziehen den Betrachter auch gefühlsmäßig in die Episoden ein. Profibilder von einem Kameramann und Handkamerabilder der vier Männer wechseln sich ab. Der Betrachter sieht ihnen zu und ist dann wieder direkt unter ihnen.

Ohne Wind dümpeln wir gemeinsam mit der Mannschaft auf dem zehn Meter langen Segelboot zwischen Eisschollen umher. Fast gemeinsam springen wir mit ihnen in das fünf Grad kalte Meer und frieren mit.

Bei der Landung gehen wir gemeinsam die ersten Schritte und schlagen den ersten Haken in eine der unbezwingbaren „Big Walls". Eine kalte gemeinsame Nacht, nur mit Seilen an der Wand befestigt, wird durch einen grandiosen Blick über den Wolken auf die anderen Gipfel wettgemacht. Gemeinsam mit der Crew erklimmen wir den Gipfel und teilen die Freude.

Wir erleben auch die schwierigen Momente der Reise mit – wenn der Wind nachlässt, wenn die Männer Schnee aus der Wand essen, um nicht auszutrocknen. Wenn sie sich mit ihren Händen in die Wand krallen und wenn sie seekrank werden. Die Anstrengungen sind ihnen am Gesicht abzulesen. Wir erleben sie hautnah.

Die Geschichte hat keinen Erzähler, der die Reise oder das Geschehen begleitet und erklärt. Stattdessen nehmen wir teil an den Gesprächen der Männer. Ebenso wie sie überlegen wir uns, was zu tun ist und freuen uns über ihre Erfolge.

Hat der Zuschauer eigene Erfahrungen im Klettern und/oder Segeln, wird hier perfekt an bestehende innere Bilder angeknüpft. Das Erlebnis wird gesteigert, indem die Musik an den Inhalten der Bilder ausgerichtet ist. Mal klingt sie fast wie Filmmusik. Da alle vier Abenteurer selbst ein Instrument spielen, sind sie so in einer Session eingebunden.

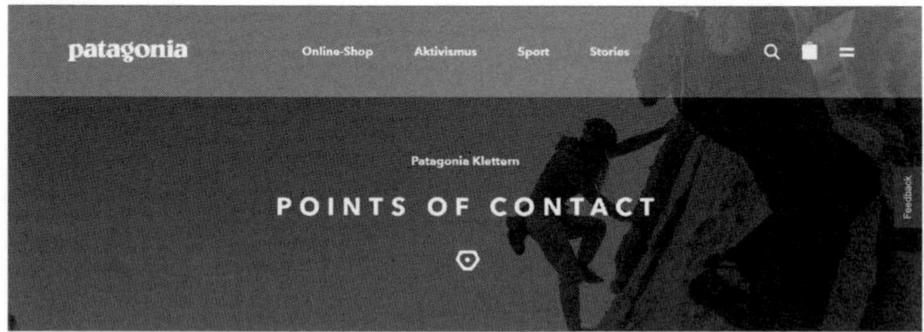

Abb. 47: Miterleben auf der Website von Patagonia.

Apple

Apple bot mit einer im April 2020 veröffentlichten Anzeige ein Meisterwerk des digitalen Geschichtenerzählens, kurz nachdem COVID-19 die Welt erfasst hatte. Anstatt sich auf den Verkauf von Apple-Produkten zu konzentrieren, zeigte die Anzeige, wie wir auch dann noch Verbindungen herstellen und kommunizieren können, wenn wir zu Hause müssen – allerdings mithilfe der Apple-Technologie. Das Hauptaugenmerk der Kampagne lag auf der Vision, in schwierigen Zeiten neue Wege zu finden, um sich auszudrücken und sich gegenseitig zu unterstützen.

Abb. 48: Working from Home.

Manchester City

Zu Ehren des 125. Geburtstages des Fußball-Clubs kündigte Manchester City eine Tour durch das Etihad-Stadion an, bei der holografische 3D-Inhalte, Augmented Reality und eine 360-Grad-Kinoleinwand verwendet werden, um die Gäste in das Erlebnis „Manchester City" eintauchen zu lassen. Zu den Features gehörten ein kurzer Film über die Geschichte der Stadt, eine audiovisuelle

Show der Umkleidekabine vor einem Spiel und die Möglichkeit, sich neben einen virtuellen Trainer zu setzen. Ein qualitativ hochwertiges digitales Storytelling-Erlebnis.

Abb. 49: Virtuelle Tour durch das Etihad Manchester City Stadium.

Fazit

Spiegelphänomene eignen sich hervorragend, um in unserem Digital Storytelling das Denken, Fühlen und Handeln unseres Publikums anzuregen. Wir beziehen sie so in unsere digitalen Geschichten ein und sorgen für die starke Beteiligung. Die Geschichten speichert das Gehirn in vielen Gedächtnissystemen, unter anderen dem sensorischen Gedächtnis, dem motorischen (prozeduralen) Gedächtnis und dem autobiografischen Gedächtnis.

DIGITAL STORY ENVIRONMENTS

In diesem Kapitel erfahren Sie,

- in welchen Umgebungen wir unsere digitale Geschichten erzählen können,
- wie sich die Geschichten vernetzen lassen und
- wie wir unser Digital Storytelling über lange Zeit anwenden können.

Abb. 50: Virtual Reality gehört zu den erlebnisreichsten Technologien im Digital Storytelling.

I1 GESTALTUNGSBEREICHE FÜR DIGITAL STORYTELLING

Im Digital Storytelling sind digitale Medien und digitale Technologien online und offline vernetzt und kommunizieren untereinander (siehe Kap. B3). Grundsätzlich gibt es somit drei große Gestaltungsbereiche für unser Digital Storytelling: Digital Storytelling kann sich online auf ein Medienobjekt beziehen, es kann online über mehrere Medienobjekte hinweg stattfinden und es kann sich offline außerhalb digitaler Plattformen fortsetzen.

Geschichten in digitalen Medienobjekten

Mit Digital Storytelling in Medienobjekten ist der Einsatz in einem YouTube-Video, auf einer Facebook-Site, in einem Tweet, auf Instagram oder Snapchat gemeint. Sehr beliebt in der Unternehmenskommunikation sind Videos auf YouTube – sie reichen von Standbildern mit Ton bis hin zu aufwendigen Filmproduktionen.

YouTube hat unter anderem den Vorteil der enormen Reichweite: Gemeinsam mit Google ist es die meistgenutzte Suchmaschine der Welt. Durch Empfehlungen und Weiterschicken können sich unsere Videos schnell als „Virals" verbreiten, wenn sie gut gemacht sind.

Doch die Reichweite sollte nicht allein im Vordergrund stehen. Immer wieder gibt es Unternehmen und Agenturen, die unbedingt einen Viral-Hit landen wollen – hierbei gerät mitunter die Marke in den Hintergrund wie dies im bekannten Edeka-Clip „Supergeil" der Fall war. Deshalb: Video und Unternehmen beziehungsweise Marke sollten zueinander passen und das gleiche Erlebnisversprechen vermitteln, das auf den Erfahrungen der User beruht. Zum Thema Digital Storytelling in Social Media lesen Sie bitte weiter in Kapitel J.

Geschichten über Medienobjekte hinweg

Digitale Geschichten können sich über mehrere Stationen im Internet fortsetzen: Die Kampagne beginnt auf einer Facebook-Seite, setzt sich über YouTube fort und endet auf der Website des Unternehmens und der Marke. Sogar GoogleMaps könnte eingebunden sein und zu Ihrem Geschäft oder Unternehmen führen.

Fortsetzung von Geschichten in der Realität

Digitale Geschichten können wir auch außerhalb digitaler Medien erzählen – dies ist die Königsdisziplin im Digitale Storytelling. Beispiel wäre eine Geschichte, die über mehrere Plattformen und digitale Medienobjekte führt und sich außerhalb der digitalen Medien fortsetzt. BMW hat dies so am Münchener Flughafen gemacht und das neue Wagenmodell präsentiert, das von digitalen Bildschirmen und Mediawänden umgeben war.

Nutzen auch Sie diese Gestaltungsmöglichkeiten: Starten Sie Ihre Geschichte auf Ihrer Website, lassen Sie die Charaktere in Videosequenzen auf YouTube die Geschichten weitererzählen, in einem Blog weiterschreiben, ergänzen Sie diese mit einem Bild auf Instagram, setzen dazu einen Tweet und lassen mit Snapchat geheime Botschaften verschicken. Lassen Sie die User bestimmte Orte in ihrer Stadt und Unternehmen erkunden und diese dort Rätsel lösen sowie weitere Hinweise finden.

I2 DIGITALE GESCHICHTEN ONLINE UND OFFLINE

Alternate Reality Storys (ARS) sind Geschichten, die auf verschiedene Medien zurückgreifen und bei denen die Grenze zwischen fiktiven Ereignissen und realen Erlebnissen bewusst aufgelöst wird. Geschichten beginnen in digitalen Medien und führen zu realen Orten. Die Handlung kann angetrieben sein durch Mails, Blogs, Telefonanrufe auf das Handy des Users, Zeitungsartikel, Kleinanzeigen und Messaging. Lesen Sie hierzu über Location Based Storytelling in Kap. B2.

Beispiel Lundt und Lena: An der Universität der Künste Berlin haben wir eine Geschichte entwickelt, die als Comic im Internet begann. Die Köpfe der Protagonisten waren Porträts von Studierenden, die Körper wurden hinzuerfunden. Lundt und Lena lernen sich in einem Café kennen. Sie verlieben sich ineinander und wollen sich wiedersehen. Lena gibt Lundt die Telefonnummer, doch er verliert diese. Die Suche setzt sich nun in der realen Welt fort: In Kreuzberg findet sich auf einer bekannten Szenestraße der Aufruf „Lena melde Dich!", eine Fahne mit dem Aufruf hängt an einem Haus herab. Jetzt kommen Unternehmen ins Spiel: Lundt geht in ein Restaurant, wo er seine Zeitung vergisst, die dann der User auch tatsächlich findet. Er geht an einem Unternehmen vorbei, wo er auf einer Bank einen Schokoriegel vergisst.

Was wir von Red Bull lernen können

Ein weiteres gelungenes Beispiel für Geschichten, die in digitalen Medien spielen und in der realen Welt fortgesetzt werden, liefert Red Bull. Red Bull gehört seit vielen Jahren zu den großen Storytellern und verdient inzwischen mehr Geld mit seinen Events wie den Red Bull Flugtagen als mit dem Energy Drink selbst. Sicher: Der Sprung von Felix Baumgartner aus über 35.000 Metern Höhe ist mit Abstand der Höhepunkt des Storytelling. Was können wir von Red Bull für unsere Events lernen, auch wenn wir niemanden aus der Stratosphäre springen lassen können?

Die Konflikte, denen der Held ausgesetzt war in der Vorbereitung, beim Sprung selbst und über den Sprung hinaus, werden unsere eigenen: Was würde ich tun? Hätte ich den Mut? Halte ich das beinharte Training durch? Was würde meine Familie sagen, wollte ich diesen Traum leben?

1. Der erste Konflikt für Felix Baumgartner lag im Durchhalten des jahrelangen Trainings.
2. Der zweite Konflikt ist, Mut für diesen Sprung aufzubringen.
3. Konflikt drei ist, die eigene Familie für dieses Abenteuer zu gewinnen und hinter sich zu wissen.
4. Der vierte Konflikt ist der Aufstieg der Kapsel in die Todeszone, der einwandfrei erfolgen musste.
5. Der letzte und emotionalste Konflikt war der Sprung selbst – Springen, Durchhalten und Überleben.

Felix Baumgartner sagte dazu selbst: „Wenn du so hoch über der Erde stehst, denkst du nicht mehr an Rekorde, sondern willst nur noch lebend zurückkommen."

Hat der letzte Absatz bei Ihnen Gänsehaut ausgelöst? Sind Geschichten nicht herrlich?

Die Reaktionen auf das Abenteuer waren enorm. Ob bei Facebook, Twitter, YouTube oder der Website: Wir kommentieren, tauschen uns aus, halten den Atem an – weil wir es gewissermaßen selbst miterleben. Die Konflikte betreffen jeden von uns – Mut im Leben aufzubringen und für seine Visionen zu kämpfen. Für den einen mag es ein Sprung gewesen sein, für andere der Sieg über sich selbst. Was können wir daraus für unser Digital Storytelling lernen?

Fans erleben alles hautnah mit

Wir Fans waren Teil dieser Geschichte, wir erlebten alles selbst mit. Wir standen in der Kapsel und schauten auf die Erde herunter. Wir sahen uns die jahrelange Vorbereitung an und lernten Felix Baumgartner mit seiner Familie, deren Alltag, deren Glück aber auch deren Probleme kennen. Wir nahmen an den laufenden Vorbereitungen teil; erhielten Informationen von zu Wort kommenden Experten und Extremsportlern.

Die Ereignisse sind über Medien verteilt. Die Fans können über diese das Event verfolgen und mit der Marke interagieren. Die eigens angelegte Homepage bietet den Livestream und Hintergrundinfos, die sich leicht via YouTube, Facebook und Twitter teilen und kommentieren lassen.

Die Kampagne ließ starke innere Bilder entstehen, an die wir uns noch lange erinnern. Dieses Abenteuer löste ein riesiges Medienecho aus. Viele von uns werden sich noch lange an Felix Baumgartner und Red Bull erinnern. Kurze Zeit später sprang Alan Eustace aus 41.000 Metern Höhe – wer spricht heute noch darüber? Die Werbewirkung der Red Bull-Kampagne wird auf 100 Millionen Euro geschätzt – ein eindrucksvolles Beispiel für gelungenes digitales Storytelling (www.redbullstratos.de).

13 CROSSMEDIA UND TRANSMEDIA STORYTELLING

Transmedia Storytelling bezeichnet einen Prozess, in dem Elemente einer Geschichte systematisch über mehrere Kommunikationskanäle geschickt werden – persönliche Kommunikation, Print, digitale Medien: „Transmedia storytelling represents a process where integral elements of a fiction get dispersed systematically across multiple delivery channels for the purpose of creating a unified and coordinated entertainment experience" (Jenkins 2013).

Im Unterschied zu Crossmedia Storytelling, das den gleichen Inhalt über verschiedene Kanäle schickt, besteht das Transmedia Storytelling aus speziellen Bausteinen für jedes Medium. Jeder Baustein bereichert die Kerngeschichte um ein Erlebnis. Geschichten auf dem Smartphone sind andere als im TV, Radio oder Kino. Twitter unterscheidet sich von Facebook, Pinterest von einem Wiki. Transmedia nutzt die Vorzüge jedes Mediums, um der Geschichte Mehrwert zu verleihen.

Ein Klassiker des Transmedia Storytelling ist *Star Wars*: Neben den zahlreichen Kinofilmen gibt es Videospiele, die Fernsehserie *Clone Wars*, viele Comics und Bücher. Jedes Medium trägt zur Geschichte bei. Eine Nummer kleiner gefällig? Die Story kann z.B. in einem (Kunden-)Magazin beginnen und auf einer Smartphone-App enden.

Zu den erfolgreichsten Beispielen für Transmedia Storytelling im Marketing gehört Old Spice. Der Held ist Isiah Mustafa, Football-Spieler und Idol. Eine Woche vor dem Superbowl schaltete Old Spice den Mustafa Spot auf YouTube und benachrichtigte die Presse. Der Erfolg war durchschlagend: In der ersten Woche wurde das Video 40 Millionen Mal bei YouTube abgerufen. Im Zeitraum von drei Tagen im Juli 2010 produzierte das Team weitere 186 Videos für YouTube. Mustafa antwortete in Videos auf Tweets, die er von unzähligen Bewunderern erhalten hatte. Die Videos waren so unterhaltsam, dass sie millionenfach weitergereicht wurden – via E-Mail, Twitter, Facebook etc. Zusätzlich zeigten die Massenmedien Interesse und präsentierten die Videos und Bilder in Online-Publikationen, Print-Medien und im Fernsehen. Fans kreierten Persiflagen, von denen sich viele stark verbreiteten. In den ersten Monaten der Kampagne stieg der Verkauf von Old Spice um 27 Prozent zum Vorjahr, nach sechs Monaten um 107 Prozent.

Weiterlesen

Mehr zum Thema Vernetzung finden Sie bei Henry Jenkins (2013).

14 STRATEGISCHE STORYWELTEN

Digital Storytelling hat erfreulicherweise seit einigen Jahren Einzug in die Unternehmenskommunikation gehalten: Digitale Geschäftsberichte werden als Geschichte erzählt, Presseinformationen als Heldenreisen verfasst, Facebook-Meldungen erscheinen als spannende Geschichten in den Chroniken der User. Jetzt stellen sich neue Fragen:

Checkliste: Langfristiges Storytelling

- Wie entwickeln wir unsere (digitalen) Geschichten weiter, damit wir interessant bleiben?
- Hängen unsere Geschichten in den unterschiedlichen Kanälen online und offline zusammen und wenn ja: wie?
- Sind unsere Geschichten über einen längeren Zeitraum konzipiert, zum Beispiel über 3-5 Jahre, damit unsere Bezugsgruppen lernen können, wer wir sind, was wir tun und warum wir die beste Alternative sind?

Die Frage wird also immer drängender, wie wir Geschichten über Jahre erzählen können, worin der rote Faden besteht und wie wir diese in allen Mitteln und Maßnahmen und auch im Digital Storytelling strukturieren und organisieren. Das ist das Thema von strategischen Storywelten.

Strategische Storywelten sind koordinierte, gezielt und systematisch erzählte Geschichten, mit denen wir wichtige Bezugsgruppen langfristig über alle Kontaktpunkte im Rahmen der strategischen Unternehmenskommunikation und unseres Corporate Storytelling ansprechen. Ziel ist, den Aufbau und die Entwicklung des einzigartigen und attraktiven Vorstellungsbildes über das Unternehmen (Image) zu unterstützen.

Herausforderung: Komplexität

Storywelten sind einerseits stark verhaltenswirksam (vgl. Herbst 2021), andererseits ist deren Planung und Umsetzung sehr komplex:

- **Dauer:** Aufbau und Entwicklung von Bekanntheit und Image für unser Unternehmen und dessen Leistungen sind ein Lernprozess, der sich über viele Jahre hinzieht.
- **Breite:** Mit Storywelten sprechen wir alle wichtigen Bezugsgruppen an, intern und extern, über alle relevanten Kanäle.
- **Tiefe:** Storywelten erzählen wir in allen unseren Kommunikaten wie Pressinformationen, Website, Social Media, Geschäftsbericht, Mailings und Image-Anzeigen.

Strategische Storywelten haben demnach eine Zeitdimension, eine Inhaltsdimension und eine formale Dimension:

- **Zeitlich:** Storywelten sind zunächst für die Dauer von drei bis fünf Jahren geplant. Diese Zeit ist erforderlich, damit unsere Bezugsgruppen lernen, wofür unser Unternehmen steht, was es leistet und warum es so einzigartig attraktiv ist.
- **Inhaltlich:** Die Inhalte der Storywelten folgen einem festgelegten Muster, um das Unternehmen kennenzulernen und sich ein klares Vorstellungsbild (Image) von ihm zu machen. Sie sind also nicht beliebig angeordnet, sondern inhaltlich strukturiert. Sie stärken mit jeder Wiederholung das Wissen, das die Bezugsgruppen von unserem Unternehmen aufgebaut haben.
- **Formal:** Storywelten sind entsprechend dem Informationsverhalten und der Mediennutzung der Bezugsgruppen über alle relevanten Kontaktpunkte mit den Bezugsgruppen verteilt (Kanäle, Mittel und Maßnahmen).

Funktionen von strategischen Storywelten

Strategische Storywelten leisten wichtige Beiträge zur Unternehmenskommunikation:

- **Entwicklung des Images und der klaren Positionierung im Wettbewerb:** Storywelten nutzen das Potenzial, die Kernbotschaften unseres Unternehmens über längere Zeit zu wiederholen, damit die Bezugsgruppen diese lernen. Sie nutzen die Variation, damit die Geschichten immer wieder neu erlebbar sind.
- **Koordination:** Strategische Storywelten ermöglichen uns die Koordination der vielen Geschichten, die wir in unserer internen und externen Unternehmenskommunikation erzählen.
- **Kontrolle:** Die Erfolgskontrolle zeigt, ob wir unsere Geschichten über alle Kanäle wirkungsvoll erzählt und damit unsere Bekanntheits- und Imageziele erreicht haben.
- **Speichern und Abruf:** Geschichten speichern Menschen in einem sehr großen Archiv – dem episodisch-autobiografischen Gedächtnis. Im Fall einer Entscheidung greifen Menschen auf diese Erlebnisse und Geschichten zurück. Sie sind stark verhaltenswirksam.

Strategische Storywelten sind aus der übergeordneten Positionierung des Unternehmens abgeleitet. Dies kann zum Beispiel ein Leitbild sein, die Vision des Unternehmens (dessen höherer Sinn) und/oder das einzigartige Erlebnisversprechen des Unternehmens (siehe Kap. D2).

Weiterlesen

Mehr über strategische Storywelten können Sie in der 4. Auflage des Buches *Storytelling in den Public Relations* (2021) von Dieter Georg Herbst nachlesen.

DIGITAL STORY-TELLING IN SOCIAL MEDIA

In diesem Kapitel erfahren Sie,
- welche Bedeutung Social Media für unser Digital Storytelling haben,
- welche Einsatzmöglichkeiten es gibt und
- welche Besonderheiten diese Plattformen für das Digital Storytelling haben.

Abb. 51: Geschichten in Social Media gehören zum Alltag in der Unternehmenskommunikation.

Aufgrund der enormen Bedeutung von Social Media in der Unternehmenskommunikation widmen wir diesem Thema ein eigenes Kapitel. Social Media scheinen perfekte Kanäle für die Gestaltung von Beziehungen zu sein. Das Unternehmen
- nutzt Kanäle, die schon existieren,
- erzielt enorme Reichweite,
- erfreut sich einer hohen Nutzung und
- trifft auf viele aktive Nutzer, die nach Unternehmensinformationen suchen.

In Social Media vernetzen sich unsere User, sie kommunizieren in Echtzeit, bewerten Inhalte und teilen sie. Ob private oder berufliche Vernetzung über Facebook, Xing und LinkedIn, ob Informationsaustausch über Foren, Blogs und Twitter – Social Media sind ein fester Bestandteil des Alltags und in der Unternehmenskommunikation geworden.

Anwendungen in Social Media

Zu Social Media gehören viele Anwendungen. Grob gesagt, lassen sich folgende unterscheiden:

- **Publishing-Plattformen** wie Twitter, Medium
- **Soziale und Business-Netzwerken** wie Facebook, LinkedIn und Xing
- **Media-Sharing-Plattformen** wie YouTube, Instagram, Pinterest, Spotify, Snapchat und TikTok

Über alle diese Kanäle können wir unsere Kommunikationspartner erreichen und ihnen unsere digitalen Geschichten erzählen. Diese Plattformen sind sehr unterschiedlich und es stellen sich einige Fragen. Schauen wir uns im Folgenden die wichtigsten Anwendungen an.

Checkliste: Social Media

- Wen wollen wir über Social Media erreichen?
- Mit welchen Themen?
- Welche Eigenschaften haben die jeweiligen Anwendungen?
- Welche Anforderungen stellen sie an unsere digitalen Geschichten?

J1 PUBLISHING-PLATTFORMEN

Zu den wichtigsten Publishing-Plattformen gehören Twitter und Medium:

Twitter

Twitter ist ein Microblogging-Dienst, der 2006 entstand. Twitter hatte im Juli 2021 rund 353 Millionen Nutzer. User kommunizieren über Kurznachrichten in einer Länge von 140 Zeichen (Tweets). Die User stammen aus Unternehmen, Journalismus, Politik und Wissenschaft.

Für unser Digital Storytelling geeignet sind Funktionen wie Twitter-Themen, die personalisierte Darstellung von relevanten Tweets, Events und Anzeigen. Unsere Stimme können wir als Audio Tweets posten. Fleets sind schnelllebige Inhalte im Story-Format.

Unsere Beiträge lassen sich über Hashtags (#) gut finden. Die Reaktion auf Beiträge verläuft sehr schnell. Wir sollten also in der Lage sein, schnell zu reagieren. Haben wir mehr zu sagen als wir in 140 Zeichen ausdrücken können, bietet sich die Möglichkeit, auf unsere Website und YouTube zu verlinken. Leider lassen sich die Twitter-Beiträge im Nachhinein nicht mehr bearbeiten, sondern nur noch löschen.

Medium

Die Online-Publishing-Plattform Medium.com wurde 2012 gegründet. Sie wird von 60 Millionen Usern genutzt (Stand: Juli 2021). Die Texte sind länger als ein Tweet auf Twitter und kürzer als ein Blogbeitrag. Die Beiträge sind optisch anspruchsvoll aufbereitet und enthalten Lesezeiten. Medium bietet ebenfalls die Rubrik „Storys" an.

Ein Vorteil für unser Digital Storytelling ist die große Anzahl der Nutzer. Ihr eigenes Profil können Sie leicht erstellen und pflegen. Die Inhalte sind optimiert für Suchmaschinen (SEO). Zu den Nachteilen gehört die große Konkurrenz unter den Anbietern von Inhalten und dass wir die Gestaltung unserer Inhalte kaum beeinflussen können, da sie weitgehend vorgegeben ist.

J2 SOZIALE UND BUSINESS-NETZWERKE

Facebook

Facebook wurde 2004 gegründet. Heute ist Facebook mit fast 3 Milliarden monatlich aktiven Usern die nutzerstärkste Social-Media-Plattform weltweit (Stand: Juni 2021). Die Zahlen der Jugendlichen zwischen 14-19 Jahren sind auf dem sozialen Netzwerk rückläufig. Facebook ermöglicht Ihnen, eigene Beiträge zu veröffentlichen und in den Angeboten von Nutzern und anderer Unternehmen aktiv zu sein. Der Messenger ermöglicht, mit anderen Usern direkt in Verbindung zu treten.

Mit Facebook können wir eine hohe Reichweite erzielen – auch durch Schaltung von nutzerspezifischer Werbung. Sie können eigene Special-Interest-Gruppen gründen und anderen Gruppen beitreten. Ihre Geschichten können Sie multimedial erzählen mit Texten, Bildern, Bilderstrecken, PDFs, Links, Videos, Audio-Files etc. Sie können Ankündigungen einstellen (zum Beispiel Veranstaltungstermine), Geburtstage finden und Quiz oder Umfragen veranstalten. Nachteilig ist, dass es zwar viele Useraccounts gibt, diese aber wenig aktiv sein können. Große Bilddateien sind stark komprimiert. Wir könnten auch hier Shitstorms, Internet-Mobbing und Trollen ausgesetzt sein.

LinkedIn

Das internationale Karrierenetzwerk LinkedIn gibt es seit 2002. LinkedIn ist mit mehr als 766 Millionen Nutzern aus 200 Ländern die größte Businessplattform (Stand: Juni 2021). LinkedIn bietet seinen Nutzern über den kostenlosen Standard-Account einen News-Feed, eine Messaging-Funktion, einen Stellenmarkt, einen Lebenslauf und eine Gruppenfunktion an. Der Premium Account hat weitere Funktionen. Auf LinkedIn gibt es Profile von nahezu allen Unternehmen.

Vorteile für unser Digital Storytelling sind die große Reichweite und der Fokus auf Business. Wir können viele internationale Kontakte herstellen. Unsere Inhalte können Kurznachrichten sein, aber auch längere Textbeiträge. Nachteilig ist das riesengroße Angebot, in dem wir uns durch gute Geschichten durchsetzen müssen. Im Messenger gehen viele Spam-Nachrichten ein, zumeist Geschäftsanfragen (Immobilien, Dienstleister etc.).

XING

XING ist ein deutschsprachiges Karrierenetzwerk, das es seit 2003 gibt. XING hat 19 Millionen Nutzer (Stand: Juli 2021). Es stellt Usern ähnliche Funktionen wie LinkedIn bereit. In über 70.000 Diskussionsforen und Interessensgruppen finden sich viele Themen zum Diskutieren und für den Austausch.

Die Vor- und Nachteile sind ähnlich wie auf LinkedIn. Speziell für XING hinzu kommt negativ die Begrenzung auf den DACH-Raum, es lassen sich also wenige internationale Kontakte knüpfen. Die Benutzeroberfläche ist unübersichtlich.

J3 MEDIA-SHARING-PLATTFORMEN

YouTube

YouTube gibt es seit 2005. YouTube gehört zu den wichtigsten und beliebtesten Plattformen für Bewegtbild wie Videos, Film- und Fernsehausschnitte, Trailer, Musikvideos, Slideshows etc. Monatlich nutzen 2 Milliarden aktive User diese Plattform. (Stand: Juni 2021). Auf YouTube können User kostenlos Videos sehen, bewerten, kommentieren und weiterleiten. Generell wird das Embedding von YouTube-Inhalten auf allen anderen Netzwerken ermöglicht – auch in PowerPoint-Präsentationen.

Zu den Vorteilen von YouTube gehört seine enorme Verbreitung – die Plattform ist die zweitgrößte Suchmaschine nach Google, die Videos sind in Google Search indiziert. Wir können einen eigenen Kanal aufbauen und Bezugsgruppen gezielt mit unseren Themen erreichen. Lernvideos bieten gute Möglichkeit zur Wissensvermittlung. Nachteilig ist, dass die Erstellung von hochwertigen Videos viel Zeit und Geld erfordert. Kommentare sind sofort zu sehen durch erhobene oder gesenkte Daumen und schriftliche Einträge der Nutzer. Sie können die Kommentarfunktion deaktivieren – doch ist dies eine gute Gelegenheit, um mit Ihren Bezugsgruppen ins Gespräch zu kommen.

Instagram

Instagram wurde 2010 gegründet und 2012 von Facebook übernommen. Die Plattform hat monatlich eine Milliarde aktive Nutzer (Stand: Juni 2021). Das Angebot besteht aus Bildern, Videos und Kurztexten. Ihr Angebot können Sie mit Facebook verlinken, zu dem Instagram gehört.

Zu den Vorteilen gehört, dass wir Bezugsgruppen gezielt mit unserem Angebot ansprechen können. User finden uns durch Hashtags (#). Content lässt sich speichern mit einer Merkfunktion. Direkte Kommentare auf unsere Postings sind möglich. Außerdem ist hilfreich, dass wir Werbung schalten können und User entsprechend ihren Profilen Hinweise auf unser Angebot erhalten können. Sie können bis zu zwei Postings pro Tag anbieten – sie sollten qualitativ hochwertig sein. Videos sind auf eine Minute begrenzt; danach werden sie auf Instagram TV (IGTV) fortgeführt.

Snapchat

Die Image Messaging App Snapchat nutzen monatlich seit 2011 etwa 381 Millionen aktive Nutzer (Stand: Juni 2021). Sie sind meist zwischen 18 bis 24 Jahren alt. Über die App werden in erster Linie Fotos und kurze Videos versendet, die mit Filtern und grafischen Elementen ergänzt sind. Die Aufnahmen (Snaps) löschen sich nach einer eingegebenen Zeit, meist 10 Sekunden. Die „My Story"-Funktion zeigt Bildbeiträge chronologisch an und veröffentlicht komplette Bildergeschichten.

Die Plattform erreicht vorwiegend junge Nutzer. Geofilter machen Ihr Angebot regional besser zugänglich. Direct Messaging ist möglich. Man kann nachverfolgen, wer sich die Snaps ansieht. Es gibt allerdings keine Textformate/Textdokumente, sondern nur Nachrichten. Der Fokus liegt auf Bildern, denen nur kurze Zeit Aufmerksamkeit entgegengebracht wird.

TikTok

Die junge Kurzvideo-App TikTok wurde 2016 gegründet. Sie hat monatlich 732 Millionen Nutzer (Stand: Juni 2021). Sie sind überwiegend 13 bis 25 Jahre alt. Im Mittelpunkt des Angebots stehen Spaß und Unterhaltung durch lustige Videoclips und Musikvideos. Spannend ist, dass man auf TikTok Challenges initiieren kann, die Nutzer anregen können, eigene Inhalte und Videos beizusteuern. Die Nutzer sind engagiert und kreativ. Nachteilig ist, dass es auch hier keine Textformate gibt – der Fokus liegt auf visuellen Inhalten. Die visuelle Aufbereitung ist aufwendig, während die Nutzung der Videos kurz und oberflächlich ist.

Bei der Auswahl der für Sie richtigen Plattform(en) können Sie sich an folgenden Fragen orientieren:

Checkliste: Social-Media-Plattformen

- Welche Plattformen nutzen unsere Bezugsgruppen?
- Welche bzw. wie viele Kanäle sind sinnvoll? Reichen die „Big 3" aus Facebook, Twitter und Instagram?
- Welche Kanaltypen sind sinnvoll – soziale Netzwerke, Business-Netzwerke, Media-Sharing-Plattformen?
- Welcher Kanal-Mix ist sinnvoll? Welche Plattformen ergänzen sich gut?

STORYTELLING IM CONTENT MARKETING

In diesem Kapitel erfahren Sie,

- wie Sie Ihre digitalen Erzählungen in digitalen Kanälen planen können,
- wie Sie diese durchführen und
- wie Sie deren Erfolg steuern und kontrollieren können.

Dieses Kapitel ist eine überarbeitete Fassung des gleichnamigen Beitrags von Klaus Täubrich in der 4. Auflage des Buches *Storytelling in den Public Relations* (2021) von Dieter Georg Herbst.

Content Marketing hat in den vergangenen Jahren erheblich zugenommen. Schon seit 2017 nutzen alle dreißig im DAX-Unternehmen die Instrumente des Content Marketing. Die Tendenz für den Einsatz von Content Marketing ist steigend, zeigen aktuelle Trendstudien. Wie können wir (Digital) Storytelling in unser Content Marketing integrieren? Wie können wir unser Digital Content Marketing systematisch und langfristig entwickeln? Bevor wir diese Fragen beantworten, zunächst eine Definition: Anne Rockley schreibt: „A unified content strategy is a repeatable method of identifying all content requirements up front, creating consistently structured content for reuse, managing that content in a definitive source, and assembling content on demand to meet customer needs" (Rockley 2002).

Content Marketing soll hier verstanden werden als Einheit aus guten Geschichten, der Wahl der besten Kanäle sowie der Erfolgskontrolle.

Vorbereitung

Vor dem Start Ihres Digital Content Marketing sollten Sie festlegen, welche Inhalte zu Ihren künftigen Aktivitäten im Content Marketing gehören, denn viele Disziplinen und Kommunikationskanäle sind beteiligt wie SEO, Social Media, Website, E-Mail und Newsletter.

Zum Start gilt: Weniger ist mehr. Sie kommen meist schneller zum Ziel, wenn Sie klein beginnen und dann schrittweise Kanäle und Inhalte hinzufügen. Gemeinsam mit einem erfahrenen externen Partner dauert dies etwa vier bis sechs Wochen inklusive Workshop und interner Abstimmung.

Verantwortlichkeiten

(Digital) Content Marketing sollte strategisch vom Markenverantwortlichen des Unternehmens geführt sein. Dieser sollte Content Marketing ganzheitlich verstehen und bewerten können, um die richtigen Entscheidungen bei der Markenführung für die nächsten Jahre zu treffen. Beispiel: In welchen Kommunikationskanälen lassen sich die wichtigen Bezugsgruppen optimal erreichen? Der Markenverantwortliche entscheidet auch, welche Aktivitäten er verstärkt oder sogar einstellt.

K1 DAS VIER-PHASEN-MODELL DES DIGITAL CONTENT MARKETING

Für den Prozess des Digital Content Marketing hat die Hamburger Agentur Fuerstvonmartin ein Vier-Phasen-Modell entwickelt (Herbst/Täubrich 2018). Wir haben dieses Modell noch um den Schritt der Erfolgskontrolle erweitert:

Phase 1: Sammeln von Informationen über das Unternehmen
Phase 2: Potenzial-Analyse
Phase 3: Content-Marketing-Konzept
Phase 4: Realisierung
Phase 5: Erfolgskontrolle (Monitoring)

Dieses Modell lässt sich anpassen – durch Erweitern und durch Fokussieren. Folgende Ziele kann dieses Modell erreichen:

- Auf- und Ausbau der Marke in digitalen Kanälen,
- Etablieren des Expertenstatus der eigenen Marke,
- Erhöhen des organischen Suchvolumens bei Google,
- Steigern der Reichweite der eigenen digitalen Angebote und
- Pushen von Conversion, Leads und Abschlüssen in digitalen Kanälen.

Abb. 52: Das Vier-Phasen-Modell des Digital Content Marketing.

K2 SAMMELN VON INFORMATIONEN ÜBER DAS UNTERNEHMEN

Im ersten Schritt ist es erfolgsentscheidend, die Innensicht des Unternehmens zu verstehen und zu strukturieren. Hierzu gehören: Marke/Story, Unternehmensziele, Bezugsgruppen/Kunden, Angebot/Leistung, Marktumfeld, Unternehmensorganisation:

- **Marken-Story:** Für die erfolgreiche Umsetzung des Digital Content Marketing sollte unsere Marke mit ihren Geschichten konsistent, also widerspruchsfrei in allen Kanälen auftreten. Da Content Marketing mittel- und langfristig wirkt, verhindern Unklarheiten oder häufiges Ändern des Markenbildes und der Story die Wirkung. Der Erfolg von Storytelling und Content Marketing entsteht durch Kontinuität und Einheitlichkeit.
- **Unternehmensziele:** Digital Content Marketing kann das Erreichen der kurz- und mittelfristigen Ziele des Unternehmens sowie des Erlebnisversprechens/Vision unterstützen. Um dies sicher zu stellen, sollten Sie Ziele definieren, durch die Sie Inhalte danach bewerten können, welche Maßnahmen am besten welche Ziele unterstützen.
- **Bezugsgruppen/Kunden:** Bezugsgruppen und ihre Bedürfnisse lassen sich mit Modellen wie den Sinus-Milieus bestimmen und beschreiben (www.sinus-institut.de).

- **Angebot/Leistung:** Bei der Konzeption von Content Marketing ist klares Priorisieren der angebotenen Leistungen oder Produkte wichtig: Je schmaler und flacher die Angebotspalette ist, desto einfacher ist die Planung. Betriebe mit einer langen Geschichte sind oft breit und heterogen aufgestellt – dies macht das Priorisieren schwierig. Digitale Medien erfordern klare Einordnungen. Bei vielen klassischen Marken ist dieses Problem auf bestehenden Websites nicht gelöst – die Folgen davon sind unklare Navigation und eine fehlerhafte Informationsarchitektur.
- **Marktumfeld:** Je größer und intensiver die Konkurrenz im Umfeld des Unternehmens ist, desto aufwendiger ist der erfolgreiche Einsatz von Content Marketing. Bekannte Unternehmen können z. B. bei Google ihre Top-Positionen bei wichtigen Keywords durch professionelles Content Marketing sichern. Kleinere Marken müssen versuchen, nicht besetzte Nischen zu erkennen und nachhaltig zu besetzen.
- **Unternehmensorganisation:** Viele klassische Unternehmen haben die Digitalisierung der Kommunikation nur in geringem Ausmaß vollzogen. Im Gegensatz hierzu stehen Unternehmen, die rein digitale Geschäftsmodelle betreiben. Sie sind in der Regel so aufgebaut, dass sie digitale Kommunikation optimal für den Unternehmenserfolg einsetzen.

K3 POTENZIAL-ANALYSE

Die Analysephase dient dazu, dass wir uns ein klares Bild unserer Ausgangssituation verschaffen: Welche Potenziale bietet unser Content Marketing? Welche Schwächen hat es, die sich beseitigen lassen? Die Ergebnisse sind Grundlage für die weiteren Schritte der Planung, Umsetzung und Kontrolle unserer Projekte. Die Analyse sollte fortlaufend aktualisiert werden, damit wir auf Marktveränderungen schnell und flexibel reagieren können. Bestandteile der Analyse können sein:

- Unternehmen,
- Informationsarchitektur,
- Markt,
- Keywords und
- Semantik.

Digital-Analyse Unternehmen

Hier bewerten wir die aktuellen digitalen Aktivitäten unseres Unternehmens und vergleichen sie mit Best Cases aus der Praxis – möglichst aus dem Konkurrenzumfeld. Inhalte der Untersuchung sind die genutzten Kanäle, die Organisation der Digitalabteilung, vorhandene Zahlen und Key Performance Indicators (KPIs), die Content-Produktion und existierende Strategiepapiere.

Informationsarchitektur

Die gut durchdachte Informationsstruktur führt zu einer deutlich höheren Nutzung der Inhalte auf der Website. Außerdem ermöglicht sie die optimale Indizierung der Inhalte durch Suchmaschinen. Die Informationsarchitektur umfasst den logischen Aufbau der Website, deren Nutzerfreundlichkeit und die Suchmaschinenoptimierung (Search Engine Optimization; SEO). Wikipedia ist Maßstab: Dort gibt es zu jedem Thema nur einen Artikel und alle Inhalte sind miteinander optimal verlinkt. Dies strukturiert sinnvoll Navigation und Inhalte.

Markt

Wir erkennen unsere Potenziale durch den Vergleich mit Konkurrenten. Zu beachten ist, dass sich die Konkurrenzsituation im digitalen Bereich von der in den klassischen Medien erheblich unterscheiden kann: Zum Beispiel mischen sich im Finanzbereich Banken mit Vergleichsportalen wie Check24 und redaktionelle Angebote aus Focus Online. Sie alle wollen zu Themen wie „Aktien kaufen" gefunden werden und ihre Angebote präsentieren.

Wichtige Informationen und Bewertungen über die Digitalaktivitäten der Konkurrenz liefern unter anderem die Häufigkeit der Top-Ten-Treffer bei Google, die Anzahl der Backlinks und deren Social-Media-Aktivitäten.

Keywords

Gutes Ranking in Suchmaschinen mit relevanten Keywords ist essenziell. Die besten Keywords zu allen wichtigen Themen findet die umfangreiche Keyword-Analyse heraus. Sie zeigt, welche Keywords die User suchen und ob diese Keywords mit den vom Unternehmen genutzten Begriffen übereinstimmen – viele Unternehmen nutzen Kunstbegriffe im Marketing, die der Nutzer nicht sucht. Überdies zeigt die Keyword-Analyse, wie Konkurrenten positioniert sind. Hierdurch erkennen wir, bei welchen Keywords das Unternehmen die Chance hat, schnell gute Positionen zu erreichen. Google beherrscht den deutschen Markt und ist einer der entscheidenden Kanäle, um Bezugsgruppen zu erreichen.

Semantik

Social-Media-Kanäle wie Facebook, Instagram oder YouTube werden immer wichtiger (siehe Kap. J). Notwendig ist, in diesen Kanälen die eigene Position zu kennen und zu bewerten. Dies erreicht die Semantik-Analyse, deren Tools aufdeckt, welche Themen relevant sind und welche Rolle unsere Marke spielt. Für die Verlinkung und Aktivierung von Markenfans können wir Influencer und deren Umfelder erkennen und nutzen.

K4 CONTENT-MARKETING-KONZEPT

Auf Basis der gesammelten Informationen und deren Bewertung können wir in die Planung gehen. Sie beginnt mit dem Setzen von Zielen.

Ziele

Ziele sind Zustände, die wir durch unser Digital Storytelling im Content Marketing erreichen wollen, also dessen Wirkung. Folgende Ziele kann das Content Marketing erreichen (siehe zu den Zielen des Digital Storytelling auch Kap. A4):

- Auf- und Ausbau der Marke in digitalen Kanälen,
- Etablierung des Expertenstatus der eigenen Marke,
- Steigerung des organischen Suchvolumens bei Google,
- Höhere Reichweite der eigenen digitalen Angebote und
- Erhöhung von Conversion, Leads und Abschlüssen in digitalen Kanälen.

Diese Ziele lassen sich in qualitative und quantitative Ziele unterteilen:

- **Qualitative Ziele:** Ziele 1 und 2 sind durch jede Veröffentlichung von Content mitbeeinflusst. Sind Artikel auf der Website des Unternehmens veröffentlicht, bildet sich der User seine Meinung über das Unternehmen. Je hochwertiger der Inhalt, desto eher beurteilt er die Marke positiv. Es überrascht, dass sich gerade in digitalen Medien selbst bei bekannten Marken mittelmäßige oder schlechte Inhalte finden.

- **Quantitative Ziele:** Die Ziele 3 bis 5 sind quantitativ, d.h. wir können sie mit KPIs (Key Performance Indicators) gezielt messen und steuern. KPIs sind Leistungskennzahlen, die Schwächen und Stärken einer Strategie aufzeigen. Wir sollten sie nicht einzeln, sondern gemeinsam mit anderen relevanten KPIs betrachten, weil erst dies aussagekräftig ist. Folgende KPIs sind wichtig:
  - Zahl der Sitzungen,
  - Verweildauer,
  - Seitenaufrufe,
  - Absprungrate,
  - Conversion Rate,
  - Downloads.

Adaption Marke/Story

Zentrale Aufgabe bei der Planung des Digital Content Marketing ist die Anpassung der Markenwerte und der Story an die digitalen Kanäle. Dies erfolgt durch Kombination der Innen- und Außensicht, die wir in der Analyse erkundet haben. Die Außensicht zeigt, nach welchen Inhalten die Bezugsgruppe in digitalen Medien sucht, über welche Themen sie sich in sozialen Medien unterhält und was sie empfiehlt. Nur wenn die Story die Außensicht integriert, wird der Content die Bezugsgruppe nachhaltig und wachsend erreichen.

Themenfindung

Themen lassen sich finden durch Kundenbefragungen und durch die umfangreiche Analysephase. Indem wir Keyword-Analysen und Semantik-Analyse kombinieren, können wir Themen finden, die der

Nutzer sucht und nutzt. Wir können Themenbündel erstellen, die sich gegenseitig verstärken und die wir über längere Zeit als Kaskade veröffentlichen. Unsere Themen können sich an ein breites Publikum richten oder eine Nische bedienen.

Auswahl der Kanäle

Kanäle für das Verbreiten des Contents sind vor allem:

- Website,
- Blog,
- Newsletter,
- Fachportale,
- Social Media.

Wichtig: Ausgangspunkt sind immer die Inhalte und die Bezugsgruppe – nicht der Kanal. Bei der Wahl des Kanals ist zu berücksichtigen, ob es sich um eine reine Veröffentlichung handelt oder ob eine Interaktion mit den Usern gewünscht ist. Zu unterscheiden ist weiterhin zwischen eigenen Kanälen (Owned Media) und externen Kanälen (Earned Media und Paid Media):

- Zu **Owned Media** zählen die eigene Website und der eigene Blog, der Newsletter sowie Social-Media-Profile auf Facebook, Instagram, Pinterest, Twitter, YouTube, Google+, Xing und LinkedIn.
- **Earned Media** sind zum Beispiel fremde Blogbeiträge oder Social Shares.
- **Paid Media** sind Suchmaschinenwerbung und Native Advertising. Bezahlte Medien erreichen die Bezugsgruppe oft leichter und erzielen höhere Reichweite.

Informationsarchitektur

Die optimale Informationsarchitektur bildet die Innensicht und Außensicht integriert ab – unsere eigenen Anforderungen sollten wir genauso finden wie die Bedürfnisse der Nutzer. Wenn die Analyse zeigt, dass Nutzer bestimmte Marketingbegriffe für Produkte oder Services nicht suchen oder verstehen, sollten Kompromisse geschlossen werden.

Für die Informationsarchitektur sind drei Komponenten wichtig: Klassifikation, Kennzeichnung und Navigation:

- **Klassifikation:** Wir unterteilen die Inhalte in für den Nutzer sinnvolle Kategorien. Analysieren und notieren Sie, wie Informationen und Inhalt über Ihre aktuellen Websites und Unterwebsites verteilt sind. Sehen Sie in Protokollen nach oder verwenden Sie andere Analyse-Tools, um festzustellen, auf welche Inhalte Nutzer am häufigsten und am wenigsten zugreifen.
- **Kennzeichnung (Labeling):** Unsere Informationen erhalten die richtige Bezeichnung.
- **Navigation:** Sie dient dazu, dass sich Nutzer orientieren können. Um suchmaschinenfreundlich zu sein, sollte die Informationsarchitektur flach sein, also die Zahl der Klicks zum gesuchten Inhalt sollte so gering wie möglich sein. Grundsätzlich gilt: Der Nutzer erreicht den Inhalt mit maximal drei Klicks. Wichtig ist auch, die Inhalte mit relevanten Keywords suchmaschinenoptimiert aufzubereiten.

Inbound Marketing

Inbound Marketing bedeutet, von potenziellen Kunden aktiv aufgesucht und gefunden zu werden – die Kunden kommen auf einen zu. Hingegen senden wir beim Outbound Marketing Informationen an

Kunden, zum Beispiel durch Fernsehwerbung, Flyer, Telefonmarketing und klassische Werbung.

Inbound Marketing unterstützt uns beim Erreichen unserer quantitativen Ziele, indem wir unbekannte Besucher oder Leads in Kunden oder Käufer wandeln. Hierfür sind Analyse-Tools erforderlich, damit wir verstehen, wie die Customer Journey der User aussieht. Dies können unabhängige Tools sein wie Google Analytics oder integrierte Plattformen wie Hubspot. Hierdurch gelingt es uns, Nutzer im richtigen Moment mit den richtigen Botschaften anzusprechen und zu animieren, sich mit Echtdaten erkennen zu geben. Dies kann die Newsletter-Anmeldung sein oder die Anfrage für einen Kontakt zum Vertriebsmitarbeiter. Durch optimale Kombination von Content und Inbound Marketing können wir ohne manuelle Tätigkeiten unbekannte Leads zu Kunden machen.

K5 REALISIERUNG

Die Planung als stimmigen Lösungsentwurf für unser Digital Storytelling im Content Marketing setzen wir gezielt und wirkungsvoll um.

Redaktionsplan

Durch den Redaktionsplan behalten wir den Überblick. Das Erstellen des Redaktionsplans ist einfach und beinhaltet die wichtigsten Eckdaten wie Thema, geplantes Veröffentlichungsdatum und den verantwortlichen Mitarbeiter. Eine Herausforderung ist die Recherche neuer, kreativer Themen und Trends, die unsere Bezugsgruppen bewegen und ihnen einen Mehrwert liefern.

Nutzer mögen wiederkehrende Formate, die beispielsweise wöchentlich oder monatlich erscheinen. Der Redaktionsplan gibt Aufschluss über Regelmäßigkeit und Themenbreite und kann die Konzentration auf bestimmten Themen anzeigen. Somit ist der Redaktionsplan ein strategisches Tool, mit dem wir Verbesserungspotenzial erkennen können.

Content-Erstellung

Stellen wir den Content selbst her oder geben wir ihn in Auftrag? Sind die erforderlichen Ressourcen vorhanden, um den Content selbst zu erstellen? Vorteil ist, dass Mitarbeiter bereits das Verständnis für die Marke haben und sich nicht erst in Themen einfühlen müssen. Fehlen Ressourcen, lässt sich der Content von Agenturen extern produzieren.

Die Content-Produktion umfasst Texterstellung, Fotoauswahl und den Filmdreh. Die optimale Zusammenarbeit zwischen Unternehmen und Agentur gewährleistet die gemeinsame Ausarbeitung der Content-Strategie. Das Unternehmen bringt seine Ideen und Ziele ein und brieft die Agentur bestmöglich.

Optimierung Informationsarchitektur

Die optimale Informationsarchitektur auf Websites entsteht meist in Teilschritten. Dieser Prozess ist nie abgeschlossen, weil wir immer wieder schnell und flexibel auf neue Marktanforderungen reagieren müssen. Langjährige Erfahrung ist gefragt, da Fehler zu deutlichen Abwertungen bei Google führen können. Für den Nutzer sind ständig sich ändernde Strukturen ein Ärgernis, die zu Abbrüchen führen können.

Die Informationsarchitektur sollte flexibel sein, denn Erweiterungen oder Veränderungen von neuen und bestehenden Seiten sind nicht ungewöhnlich. Der Usability Test kann Potenziale für Verbesserungen sichtbar machen. Er zeigt, wie sich Besucher auf der Webseite bewegen und ob die Seite nutzerfreundlich gestaltet ist. Gängige Usability Tests sind das Tree Testing oder das Card Sorting.

Optimierung Kanäle

Die zentrale Steuerung und Abstimmung umfasst die regelmäßige Erfassung der Leistungsdaten, vergleichbare KPIs, gemeinsame Storys und Contents. Mit diesen Daten können wir das Erreichen unserer Ziele prüfen und Maßnahmen ergreifen, um zu optimieren: Welcher Content kann die Ziele am besten erreichen? Prüfen können wir auch, wie wir Inhalte optimal in den Kanälen vernetzen – dies kann die Leistungsdaten deutlich steigern.

Mediaeinsatz

Professionelles Digital Content Marketing wird die organische Position bei Google kontinuierlich verbessern. Organische Positionen haben bei den Nutzern deutlich mehr Akzeptanz als bezahlte Werbeplätze. Sobald wir gerade bei sehr nachgefragten Google AdWords gute organische Positionen erreicht haben, können wir die Mediabudgets neu zuweisen.

K6 ERFOLGS-KONTROLLE

Die Erfolgskontrolle soll sicherstellen, dass wir unsere definierten Ziele mit Digital Storytelling im Content Marketing erreichen.

Monitoring/Reporting (KPIs)

Den Erfolg des Digital Content Marketing zu messen ist unverzichtbar. Wie geschieht dies? KPIs informieren uns über die Wirkung unserer Maßnahmen. Wie wir sie festlegen, ist abhängig von den Unternehmenszielen (siehe Kap. K2).

- **Reichweite:** Wie hoch ist die Abdeckung in der Grundgesamtheit? Auskunft über die erzielte Reichweite geben Besucherzahl, Verweildauer, Absprungrate sowie Likes und Shares.
- **Interaktionen:** Wir können sie durch Kommentare, Downloads oder die Zahl der Abonnenten erfassen.

Mithilfe von Monitoring Tools und den resultierenden Reportings können wir die KPIs auswerten. Viele Kennzahlen lassen sich mit Techniken und ausgefeilten Tools messen, doch handelt es sich meist um das Beobachten von Handlungen (Klicks, Infobestellungen etc.). Strategisches Storytelling will jedoch in erster Linie das Unternehmensimage entwickeln – und dieses Image ist in den Köpfen der Bezugsgruppen zu finden. Wichtig für die Wirkung beziehungsweise die Erfolgskontrolle ist, auch das veränderte Image zu erfassen. Da dies im Wesentlichen den Verstand umgeht und unbewusst entsteht und gespeichert ist (Herbst 2014), kommen herkömmliche Messungen und Befragungen hier an ihre Grenzen.

Zeitpunkt der Kontrolle

Wir können zu drei Zeitpunkten unseren Erfolg steuern und kontrollieren:

- **Vorher:** Bevor wir mit dem Erzählen unserer Geschichten beginnen, können wir ermitteln, ob unsere Bezugsgruppen die Geschichten interessant und spannend finden (Pre-Test).
- **Während:** Während wir unsere Geschichten erzählen, können wir die Akzeptanz und Nutzung durch unsere Bezugsgruppen prüfen, zum Beispiel durch Beobachten der Seitenaufrufe auf unserer Website (In-Between-Test).
- **Nachher:** Nach dem Erzählen unserer Geschichten können wir kontrollieren, ob wir die angestrebte Wirkung auf unser Content Marketing und unser Unternehmensimage erreicht haben (Post-Test).

Methoden der Erfolgskontrolle

Als Methoden der Erfolgskontrolle stehen uns Befragungen, Beobachtungen und Experimente zur Verfügung. Beispiel: Im Experiment „Protokoll Lauten Denkens" schauen wir Testpersonen beim Verfolgen der Geschichten auf unserer Website über die Schulter und lassen sie über ihre Erlebnisse sprechen.

Ein Problem dieser Methoden und Instrumente ist, dass wir kaum feststellen können, ob und welche Änderungen sich im Unternehmensimage zeigen – immerhin ist dies das zentrale Ziel des Content Marketing. Hierfür müssten wir unseren Bezugsgruppen quasi in den Kopf schauen. Das andere Problem ist, dass die Wirkung des Storytelling überwiegend unbewusst stattfindet (Herbst 2021) – unsere Bezugsgruppen können uns also hierüber kaum Auskunft gaben. Wir brauchen hierfür andere Methoden und Instrumente. Wir sollten daher Methoden und Instrumente einsetzen, die den Verstand umgehen und Einblicke in die unbewusste Erlebniswelt der User geben. Zu den wichtigsten qualitativen Methoden gehören:

Assoziationsverfahren

Im Assoziationstest wird die Auskunftsperson durch Reize angeregt, spontan mit Assoziationen, Zuordnungen und Meinungsäußerungen zu reagieren. Im Wortassoziationstest soll die Person auf einen Begriff spontan reagieren: „Was fällt Ihnen ein, wenn ich Ihnen folgende Begriffe nenne: „BMW", „blauweiß", „Auto"? Im Satzergänzungstest wird die Person gebeten, einen Satz zu vervollständigen, zum Beispiel: „Wenn es kein BMW gäbe …", „Bei Mercedes habe ich immer das Gefühl, dass …" oder „Leute, die bei Volvo arbeiten …".

Projektionsverfahren

In Projektionsverfahren sollen die Befragten ihre eigenen Meinungen und Ansichten auf Dinge übertragen, weil sie die eigenen Ansichten nicht nennen können, wollen oder dürfen.

- Im **Bildtest** erzählen Menschen anhand von vorgegebenen Bildern Geschichten über das Unternehmen und seine Leistungen. Die Deutung der Bildergeschichten gibt einen Einblick in das Gefühlsleben, die Konflikte und Probleme der Person. Beispiel: „Denken Sie sich eine Geschichte zu folgendem Bild aus."
- Im **Zuordnungstest** sollen die Befragten dem Unternehmen und seinen Produkten Bilder von Personentypen zuordnen, die dort arbeiten oder die die Produkte nutzen. Beispiel: „Welche dieser hier gezeigten Personen könnte Kunde des Unternehmens XY sein?"

- Im **Ballontest** werden Befragten Strichzeichnungen von sich unterhaltenden Personen vorgelegt. Nur ein Teil des Dialogs ist vorgegeben – meist eine Aussage oder Behauptung einer Figur über das Unternehmen. Die Befragten sollen die leere Sprechblase bzw. die fehlenden Teile des Dialogs ausfüllen („Ich würde gern bei XY arbeiten, denn …"). Die Annahme ist, dass die Befragten ihre eigenen Meinungen oder Vorurteile in die gezeigte Situation übertragen.

Für welche Methoden und Instrumente Sie sich entscheiden: Sie sollten fachkundige Experten für die professionelle Durchführung hinzuziehen.

Fazit

Content Marketing ist die Einheit aus Storytelling, Wahl der besten Kanäle und Erfolgskontrolle. Besonders digitale Kanäle bieten durch Reichweite, Vernetzung und Interaktivität große Potenziale für das Digital Storytelling im Content Marketing. Jedoch können wir diese Potenziale nur dann nutzen, wenn wir unsere Situation genauestens kennen, hieraus eine schlagkräftige Planung ableiten, das Content Marketing wirkungsvoll umsetzen und den Erfolg sorgfältig steuern und kontrollieren.

DATA STORYTELLING

In diesem Kapitel erfahren Sie,

- welche Potenziale das Storytelling beim Einsatz von Daten hat,
- wie Sie Daten generieren und
- wie Sie wirkungsvolle Geschichten mit Daten erzählen können.

L1 BEDEUTUNG

Wir haben Storytelling definiert als Erzählkunst, Mitarbeitern, Kunden, Journalisten und andere wichtigen Bezugsgruppen Fakten in mitreißender, spannender Weise zu erzählen (siehe Kap. A). Im Mittelpunkt des Storytelling stehen also Daten und Fakten aus dem Unternehmen oder dessen Umfeld. Data Storytelling umfasst Recherche, Sammlung, Aufbereitung, Analyse und Publikation von Fakten. Unter Data Storytelling versteht Kommunikationsexperte Jörg Hoewner (2020): „[…] vor allem, Inhalte zu entwickeln, bei denen Daten der Akteur bzw. das Objekt einer Geschichte sind. Man vermittelt komplexe, zahlenbasierte Sachverhalte, indem man Kernerkenntnisse über visuelle und narrative Elemente veranschaulicht. Der Schwesterbegriff aus dem Journalismus wäre der Data Journalism."

In der Unternehmenskommunikation macht Data Storytelling die Tätigkeit des Unternehmens transparent. Es hilft, Storys besser zu erzählen und den Nutzer direkter durch kluge Interaktion zu erreichen. Hierfür nutzt das Storytelling zum Beispiel responsive Grafiken. Hier zunächst einige gelungene Beispiele aus dem Journalismus:

- Gute Beispiele für interaktive Grafiken finden sich u.a. bei der *Berliner Morgenpost*: https://www.morgenpost.de/interaktiv/
- Auch der *Spiegel* verwendet responsive Grafiken; hier ein Beispiel, wie die Amerikaner Biden gewählt haben: https://www.spiegel.de/ausland/us-wahl-wo-donald-trump-seine-stimmen-holte-und-wo-joe-biden-a-1ac3c2aa-cedd-4817-a70e-afdd08537499
- Interessant auch die Darstellung, welchen Marktwert Fußballspieler haben: https://www.spiegel.de/consent-a-?targetUrl=https%3A%2F%2Fwww.spiegel.de%2Fsport%2Ffussball%2Ffussball-em-2016-die-marktwerte-aller-spieler-im-ueberblick-a-1096137.html

L2 VORTEILE DES DATA STORYTELLING

Digital Storytelling kann wertvolles Hilfsmittel sein, um komplexe Sachverhalte und trockene Themen anschaulich und interessant darzustellen. Fakten lassen sich leichter vermitteln, Zusammenhänge werden besser deutlich. Sind Daten in einer spannenden Geschichte verpackt, lassen sich die verbindenden Elemente leichter nachvollziehen und die Daten kommen besser beim Zuhörer an. Bei besonders komplexen Daten kann Storytelling mit Daten sehr gut in Kombination mit anderen Mitteln, wie zum Beispiel Anleitungen oder Infografiken, eingesetzt werden, um so die Informationen leichter zu vermitteln.

Vorteile des Storytelling mit Daten

Storytelling mit Daten kann

- zentrale Argumente des Unternehmens belegen,
- Fakten neu und attraktiv vermitteln,
- Vertrauen in das Unternehmen stärken und
- weitere Zugänge zu einem Thema eröffnen.

L3 INTERNE UND EXTERNE DATEN-QUELLEN

Woher kommen die Daten: Zum einen aus internen Quellen, wie dem Controlling, der strategischen Planung, Marktforschung, Forschung und Entwicklung. Zum anderen lassen sich viele externe Quellen nutzen wie offizielle Statistiken und Open Data, das Statistische Bundesamt, die Landesämter, nationale und internationale Behörden und Einrichtungen des Staates wie das RKI. Daten liefern auch Wissenschaft und Forschung sowie Organisationen, Institutionen, Verbände und Vereine.

Dem Unternehmen und der Unternehmenskommunikation stehen zahlreiche Datenquellen zur Verfügung wie Business Intelligence Tools, CRM-Software und künstliche Intelligenz. Doch vorhandene Daten allein reichen nicht aus: Sie müssen analysiert, strukturiert und zielgerecht in einen Kontext gestellt werden.

L4 BAUSTEINE

Mittels Data Driven Storytelling werden nackte Zahlen so aufbereitet, dass sie von Stakeholdern als verständlich und ansprechend erlebt werden. Die drei Bausteine sind Datenanalyse, Erzählung und Datenvisualisierung.

Checkliste: Datenanalyse

- Welche Daten brauche ich für mein Thema?
- Welche Zielgruppe will ich adressieren?
- Wie kann ich an diese Daten gelangen?
- Wie ist die Qualität der Daten sichergestellt, zum Beispiel deren Aussagekraft und deren Repräsentativität?
- Welche Aspekte meiner Datenauswertung sollen der Bezugsgruppe vermittelt werden?
- Welche Vorkenntnisse bringt die Zielgruppe mit?
- Von welchen Fehlannahmen geht die Bezugsgruppe möglicherweise aus?

Sie können die ausgewählten Daten in Form der Heldenreise aufbereiten, die wir in Kap. G2 vorgestellt haben.

Datenvisualisierung

Für die Visualisierung der Erzählung stehen Ihnen viele Elemente zur Verfügung. Hierzu gehören einfache Balken- oder Tortendiagramme, Infografiken, Animationen und Hervorhebungen. Weitere gängige Formen der Datenvisualisierung sind (https://www.tableau.com/de-de/learn/articles/data-visualization):

- Tabellen
- Graphen
- Karten
- Infografiken
- Dashboards

Spezifische Beispiele für Methoden zur Datenvisualisierung:
- Flächendiagramm
- Balkendiagramm
- Box-Whisker-Plot
- Blasendiagramm
- Bullet-Diagramm
- Kreisdarstellung
- Punktstreuungskarte
- Gantt-Diagramm
- Heatmap
- Hervorhebungstabelle
- Histogramm
- Matrix
- Netzwerk
- Polar Area-Diagramm
- Radiales Baumdiagramm
- Streudiagramm (2D oder 3D)
- Texttabellen
- Zeitachse
- Baumkarte
- Keildiagramm
- Wortwolke
- Kombinationen in einem Dashboard

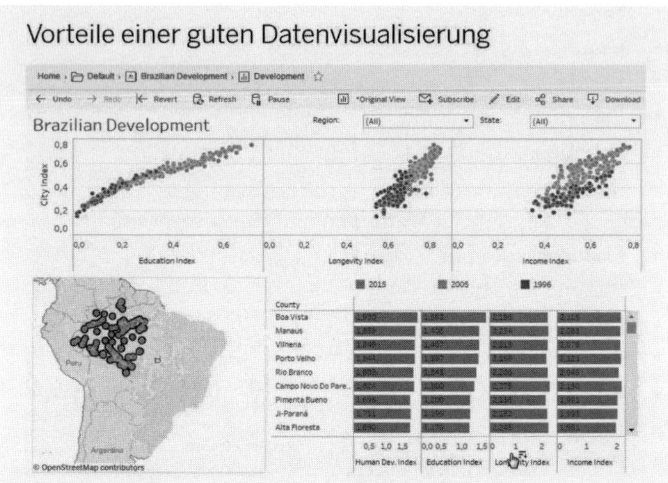

Abb. 53: Beispiele für Datenvisualisierungen.

Die Visualisierung sollte auffallen, leicht aufzunehmen, leicht zu verarbeiten und lange zu speichern sein. Wie gehen wir mit Inhalten um, die nicht oder nur schwer visualisierbar sind? Diese Inhalte kann die Geschichte aufgreifen und erklären. Durch die Kombination von Text und Visualisierung sind die Inhalte doppelt kodiert und leichter erinnerbar.

Vorsicht bei langen Scroll-Geschichten, die großformatig Bilder, Grafiken, Videos und Ton und aufwendige Datengeschichten mit viel Interaktivität enthalten: Diese könnten auf mobilen Geräten weniger aussagestark sein und in der Umsetzung für den kleinen Bildschirm extra Ressourcen benötigen.

Ein wunderschönes Beispiel für die Aufbereitung von Daten ist der Beitrag „Im Land der Pinguine" von Ulf von Rauchhaupt. Der *FAZ*-Reporter zeigt den Arbeitsalltag in der deutschen Antarktis-Station „Neumayer III".

Abb. 54: Story über den Arbeitsalltag in der deutschen Antarktis-Station.

Ein Beispiel aus der Unternehmenskommunikation ist die Darstellung der Mobilitätsdaten in „So bewegt sich Deutschland" von Telefónica. Die Karte basiert auf anonymisierten Mobilfunk-Daten und macht regionale Verkehrsströme wie Pendlerverhalten und Ausgehzeiten sichtbar.

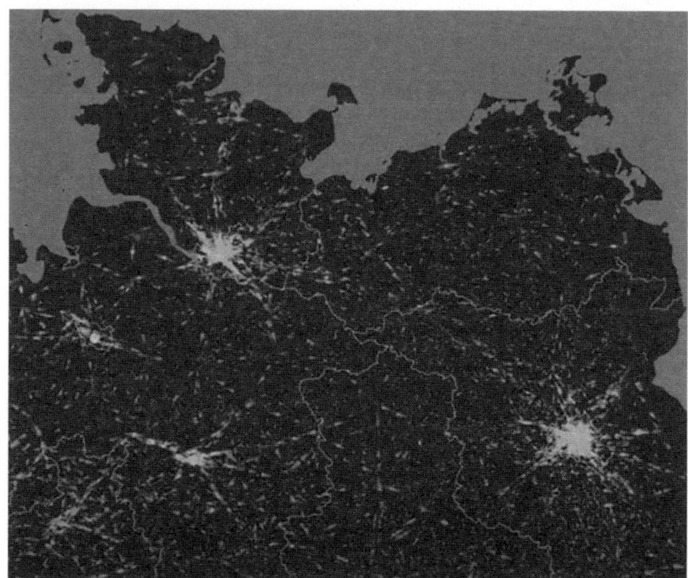

Abb. 55: „So bewegt sich Deutschland" von Telefónica.

Wie fährt Deutschland Auto? Deutschlands großer Karambolage-Atlas 2020 von Generali verrät es mit einem Klick auf die interaktive Karte: https://www.generali.de/karambolage-atlas/.

Abb. 56: Inspirationsquelle Data Cuisine.

Weiterlesen

Mehr zum Data Storytelling erfahren Sie bei Cole Nussbaumer Knaflic (2017).

PERFORMANCE-ORIENTIERTE UNTERNEHMENS-KOMMUNIKATION

Von David Lochner

M1 DIE PLATTFORM

Jahrelang stand die Entwicklung von klassischen Medieninhalten, wie die eines TV-Spots, im Vordergrund der Unternehmenskommunikation. Heute haben sich Ausspielungskanäle und Nutzerschaft drastisch verändert: Der Nutzer sieht die Werbebotschaften eines Unternehmens in vielen Formen und auf unterschiedlichsten Kanälen. Unternehmen beschweren sich oft, dass ihre Werbeinhalte auf sozialen Kanälen negativ bewertet werden, da Nutzer nun Stellung nehmen können zu Unternehmensinhalten. Die Zeit, in der als einzige Botschaft ein weißer Hengst in Zeitlupe irgendwo in der marokkanischen Wüste neben dem neuesten Fahrzeugmodell von BMW zu sehen war, ist vorbei. Es reicht nicht mehr aus, allein den Produkttrailer auf YouTube hochzuladen. Der Nutzer sozialer Medien wünscht sich mehr als einen geradlinigen Trailer, er möchte das Produkt der sozialen Plattform entsprechend aufbereitet wissen. Er entscheidet sich für oder gegen den Inhalt und sorgt so mit seiner Auslese für eine gute oder schlechte Performance der einzelnen Inhalte.

Dennoch passiert es immer wieder, dass Unternehmen ihre Inhalte auf ihren Kanälen streuen, ohne darüber nachzudenken, welche Funktion die jeweilige Plattform einnehmen soll. Ist es sinnvoll, den Link zur neuen Pressemitteilung auf Facebook zu teilen? Was nutzt dem User eine 15-Sekunden-Version des letzten TV-Spots, wenn er den langen Spot schon aus dem Fernsehen kennt?

Instagram, Facebook, YouTube und Co sind eigenständige Plattformen geworden, die eigene Inhalte benötigen. Inhaltliche Planung für soziale Kanäle, Websites und Streaming-Portale ist deshalb unbedingt erforderlich: Es gibt nicht mehr den TV-Spot auf YouTube, sondern einen YouTube-Spot; keine Pressemitteilung auf Facebook, sondern eine Erklärgrafik, die mich neugierig macht; kein langweiliges Pressebild zum neuen Fahrzeugmodell, sondern einen unkonventionellen „Walk around" auf Twitter in 15 Sekunden – aufgezeichnet mit dem iPhone.

Unternehmen müssen die Gepflogenheiten im Netz kennenlernen und ihre Inhalte darauf abstimmen. Das ist viel Arbeit, aber hier entscheidet sich zum ersten Mal, welche Plattformen das Unternehmen tatsächlich weiterbringen.

Betrachtet man YouTube, so sieht man eine Suchmaschine. Bin ich aufTwitter, schaue ich auf ein Live-Medium. Blicke ich auf Google+ so habe ich Suchmaschinenoptimierung im Kopf, vor allem für die Bildersuche Google. Welcher Inhalt passt also auf welche Plattform? Oder besser: Welches Unternehmen passt auf welche Plattform?

Viele Unternehmen produzieren erst Inhalte und überlegen dann, auf welche Plattform diese passen könnten. Idealerweise ist es genau umgekehrt: Man produziert den Inhalt abhängig von der jeweiligen Plattform. Nur wenn alle Rituale eingehalten werden, wenn dramaturgische Grundkonzepte, die sich über Jahre hinweg in den Communitys entfaltet haben – wie der Follow Friday, Throwback Thursday oder der natürliche Vlogger auf YouTube –, angenommen und in die Kanalstrategie übernommen werden, kann ein Unternehmen erfolgreich agieren.

Auf den folgenden Seiten möchte ich vor allem zeigen, wie Unternehmen Plattformen besser verstehen können, um sie für ihr Unternehmen zu nutzen. Hierbei sollen Kunde und Nutzer sowie die Entwicklung plattformenbezogener Inhalte immer im Vordergrund stehen.

M2 WAHRNEHMUNG: EIN DIGITALES ÖKOSYSTEM

Ein Ökosystem besteht aus der Gesamtheit aller Interaktionen, Kommentare und Klicks, die ein Unternehmen im globalen Netz innerhalb eines bestimmten Zeitraums erreicht hat. Das bezieht sowohl soziale Kanäle als auch Websites, Foren und Videoportale mit ein. Doch kurz einen Schritt zurück: Wie gerade erwähnt, werden unternehmenseigene Kanäle meist bestimmten Kategorien zugeordnet – wie Social Media, der Website oder dem Videostreaming. Anhand dieser Kategorien lassen sich am einfachsten unterschiedliche Unternehmensziele clustern: Social-Media-Kanäle basieren auf einem festen unangreifbaren System. Facebook ist z.B. eine in sich abgeschlossene Site.

Alles in allem sind die Kanäle neben ihrem Content aber für alle gleich und nur in ihren Grundelementen wie Profilfoto, Kanalbanner etc. veränderbar. Eine Website ist insofern individuell, dass sie vom Inhaber jederzeit modifiziert werden kann.

Videos hingegen und die damit verbundenen Plattformen wie YouTube, verfügen über einen immens hohen Datentransfer – den Streams – die meist in ein kompliziertes Netzwerk integriert werden und weitaus aufwendiger zu handhaben sind als klassische Social-Media-Kanäle.

Oft entstehen eigens dafür geschaffene Abteilungen: Team Online, Team Social Media, Team Video etc. Größere Unternehmen subkategorisieren das Ganze noch weiter, beispielsweise in Employer Branding, Presse, Customer Relations oder sie differenzieren in Ausspielungsformen wie Desktop, Mobile, Konsole etc. Es ist ein schier undurchdringlicher und meist nicht nachvollziehbarer Dschungel aus Abteilungen und medialen Verbreitungs- und Kommunikationsformen, die häufig im Gesamten nur für das Unternehmen intern einen organisatorischen Sinn ergeben. Letztlich ist es aber nicht entscheidend, was das Unternehmen sein will und glaubt zu sein, sondern was beim Kunden und Endnutzer hängen bleibt. Sprechen wir von Internet-Medien, so ergibt sich die Gesamtwahrnehmung einer Marke nicht aus den eben erwähnten drei Säulen – ein Nutzer unterscheidet nicht zwischen Social Media, Video oder Website: Er sieht ein Abbild des Unternehmens, das sich auf verschiedene Plattformen verteilt. Von Facebook bis hin zum Arbeitgeberbewertungsportal – ein digitales Porträt.

Um Unternehmen ein klares Abbild mit entsprechender Wirkung zu geben, muss eine einheitliche und plattformunabhängige Analyse erfolgen, die sowohl soziale Kanäle als auch Websites und Videoportale einbezieht. Ein Beispiel: Ein Energieunternehmen in Deutschland möchte seine Social-Media-Präsenz verbessern. Die Anfänge sind bisher rudimentär, es existiert kein klares Kommunikationskonzept. Auch wenn der Fokus des Unternehmens ganz klar auf Social Media liegt, sollte man in erster Instanz überprüfen, wie sich die soziale Präsenz im gesamten digitalen Ökosystem darstellt.

Sind die Kommunikationsansätze über Facebook richtig? Befindet sich die Zielgruppe vielleicht auf ganz anderen Plattformen? Macht es Sinn, 100.000 Facebook-Fans als Zielmarke zu setzen oder liegt die potenzielle Reichweite nur bei 40.000?

Schnell stellte sich im Scan heraus, dass die Kommunikation des Unternehmens nicht wie erwartet auf den sozialen Kanälen stattfand, sondern auf Newsportalen in Form von Userkommentaren zur Energiedebatte. Meinungsmacher waren hier vor allem Journalisten, die zu aktuellen Themen der Energiewirtschaft Stellung nahmen. Ein Großteil der Kommunikation mit oder über das Unternehmen fand zudem werktags statt – erstes Indiz, dass das Thema weniger von

Privatpersonen besprochen wurde, die ihre kostbare Zeit eher am Wochenende nutzen.

Als Folge des Scans stellte das Unternehmen konsequenterweise die Kommunikation auf den sozialen Kanälen ein und konzentrierte sich zunehmend auf die Kommunikation innerhalb von Meinungsforen und über Artikel auf Newsportalen. Das Unternehmen platzierte sich damit Stück für Stück als Experte zum Thema Energie und konnte sich so einen Platz im digitalen Netzwerk erarbeiten – weit entfernt von der anfänglichen Meinung, im Social Web aktiv werden zu müssen.

Bevor ein Unternehmen beginnt, Plattformen zu definieren, sollte deren Relevanz mit Social Listenings überprüft werden. Häufig befindet sich die Zielgruppe auf ganz anderen Kanälen. Zu einer guten Unternehmensstrategie gehört deshalb immer eine Loslösung von der eigenen Wahrnehmung und eine Hinwendung zur Nutzerwahrnehmung. Mit intensiven Analysen können den einzelnen Plattformen ihre realistische Bedeutung zugemessen werden – anstatt sie pauschal zu definieren. Nur so kann ein qualitativer Austausch mit dem Endnutzer auf Basis von speziell für ihn entwickelten Inhalten entstehen.

M3 KOMMUNIKATION BEGINNT DORT, WO DIE SUCHE AUFHÖRT

Um zu verstehen, wie Content für Unternehmen entwickelt werden kann, muss man den Weg des Nutzers verstehen bzw. den Konversionspfad. Jeder Nutzer durchläuft dabei unterschiedliche Anlaufstellen im Netz, bis er schließlich zum „Ziel" gelangt. Das Ziel ist kein Ziel im Sinne des Nutzers, sondern ein Ziel des Unternehmens. Es wird instrumentalisiert und so lange aufgebaut, bis es zum Ziel des Nutzers selbst wird – man spricht in diesem Zusammenhang von „Konvertierung". In einem Online Shop ist die Konvertierung ein recht einfaches und erfassbares Ziel – zum Kauf einer Ware lässt es sich in Verfahren wie Bannern, Cookie Marketing, Real Time Bidding etc. genauestens beschreiben. Wie verhält sich das Ganze aber bei der Content-Verbreitung? Der Content selbst fungiert hier als Konvertierungsziel, das heißt konkret: Der Content ist die Werbebotschaft. Intelligente Werbung beginnt dort, wo sie den Nutzer dauerhaft bindet, wo sie ihn unterhält und spielerisch zu den Produkten führt, die Marke quasi positiv auflädt.

In den letzten Jahren haben sich Unternehmen deshalb immer mehr zum Content-Produzenten entwickelt und Content-Plattformen erschaffen, auf denen sich der Nutzer nicht nur informiert oder kauft, sondern sich austauscht und gleichzeitig noch unterhalten wird. Die Produktion von dauerhaften Formaten ist dabei der Grundstein eines erfolgreichen Konzeptes. So baut die Plattform www.mercedes-benz.com primär auf reine Unterhaltungsinhalte statt auf Sales oder Fahrzeugkonfiguratoren, die klar auf den Kauf abzielen. Die Plattform dient der reinen Anreicherung der Automobilmarke, die mit Inhalten gefüllt wird und den Nutzer spielerisch einbindet. Wie bereits erwähnt, durchläuft der Nutzer einen bestimmten Weg, bis er die Seite erreicht. Soziale Kanäle wie Facebook und YouTube gehen noch einen Schritt weiter als eigene Websites. Sie machen sich selbst zum Netzwerk, bieten bereits feste Nutzer, die sich lediglich an Fan Pages oder YouTube-Kanäle anheften müssen. Das hat den enormen Vorteil, dass Kunden und Unternehmen bereits auf einer Plattform kommunizieren – sie müssen sich nur noch finden. Während aber eine Website für sich selbst steht und meist schon ganz klare Unternehmensziele verfolgt, erlebt der Nutzer auf YouTube auch Konkurrenzunternehmen und ist somit im ständigen Vergleich und Austausch. Wie kann man das Ganze bewerten?

Wenn wir einen genaueren Blick auf die Plattformen Facebook und YouTube werfen, können wir feststellen, dass die Mechanik beider Kanäle von Grund auf verschieden ist: Facebook ist ein Timeline-Medium, bei dem der User wie durch eine Lochmaske sieht, an der die Bilder vorbeiziehen. Jedes Posting in seiner Timeline erhält nur einen Bruchteil von Sekunden Aufmerksamkeit. Innerhalb dieses Moments muss der Inhalt den Nutzer fesseln oder er scrollt weiter. Der gesamte Fokus redaktioneller Werbung für Unternehmen liegt dabei auf diesem einen Moment der Aufmerksamkeit. Zudem sind Facebook Postings meist kurzweilig aktuell. Nach fünf Tagen spätestens verlieren sie sich im unteren Bereich einer Fan Page und sind verschwunden. Nur die wenigsten User scrollen eine Fan Page bis zum Ende nach unten – warum auch? YouTube hingegen ist ein 24h-Sender. Youtube ist eine Suchmaschine, bei der man den User immer wieder durch Keywords abfangen kann, um seine Aufmerksamkeit auf bestimmte Inhalte zu lenken. Titel und Beschreibungen der Videos können nicht umsonst immer wieder verändert werden, um auch die Attraktivität des Inhalts immer wieder an neue Trends anzupassen.

Die Produktion von YouTube-Inhalten liegt also viel mehr auf der Erarbeitung relevanter Inhalte und dem Abschöpfen interessierter Nutzer durch die Suchfunktion. Zudem können Inhalte immer und immer wieder gefunden werden, sie werden quasi ununterbrochen gesendet. Betrachtet man YouTube aus diesem Blickwinkel, fokussiert sich die gesamte Content-Produktion auf Keywords. Nicht der Inhalt steht an erster Stelle, sondern der interessante Trend. Das hat auch den Vorteil, dass Nutzer aus den unterschiedlichsten Zielgruppen auf den Kanal aufmerksam werden. Denn niemand sucht nach Marken oder Unternehmen. Alle suchen nach Inhalten. Die Frage ist nur: Kann ich diesen Inhalt bieten?

M4 DAS CONTENT-VERSPRECHEN

Jeder Kanal, ob Video oder Website, Social Media oder Microsite, hat das Ziel zu informieren, zu unterhalten oder die Möglichkeit zum Austausch zu bieten. Je klarer die Aufgabe der Seite, desto besser kann ich mich an sie erinnern, rufe sie entsprechend bei einem ähnlichen Anliegen wieder auf oder abonniere sie bzw. speichere sie ab. Besuche ich ein Newsportal, weiß ich, was ich bekomme. Besuche ich den Instagram-Kanal einer Beauty-Bloggerin, dann bin ich mir recht sicher, auf was ich mich einlasse. Der Erfolg eines Kanals hängt dabei davon ab, wie konzentriert und regelmäßig ein Kanal bespielt wird. Ich bezeichne das Ganze als „Content-Versprechen". Also was bekommt der User zu einem bestimmten und immer wiederkehrenden Zeitpunkt von mir als Kanalinhaber? Ein Freund von mir produziert regelmäßig Origami-Faltfiguren und veröffentlicht dazu simple Videos auf YouTube. Das macht er bereits seit mehreren Jahren, immer am gleichen Wochentag, in der gleichen Art und Weise. Durch dieses konkrete Content-Versprechen suggeriert er der Community zum einen professionellen und stabilen Output, zum anderen beginnt der Nutzer, ihm zu vertrauen. Würde er den Inhalt nur für wenige Male geringfügig verändern, stünde damit die Glaubwürdigkeit sowie auch die Kontinuität des Kanals in Frage. Zudem hat das Content-Versprechen auch häufig einen technischen Hintergrund: Je regelmäßiger ein Kanal veröffentlicht, desto vitaler wird er auch in der Gesamtsichtbarkeit für den jeweiligen Algorithmus. Unternehmen arbeiten hingegen oft mit einem instabilen Content-Versprechen. Häufig gibt es im Jahr verteilt mehrere Kampagnen. So werden neue Produkte meist intervallartig im Quartal vorgestellt, mit einem größeren Werbebudget werden Content Pieces im großen Stil veröffentlicht, um das Produkt bekannt zu machen. Zwischen den Intervallen passiert meist wenig oder gar nichts und das Interesse der Community flacht ab. Das bestraft auch die Plattform, indem es die Sichtbarkeit herunterschraubt. Bei Facebook bricht die Interaktionsrate zusammen, das Fanwachstum geht zurück etc. Um eine möglichst stabile organische Reichweite zu haben, die es mir ermöglicht, regelmäßig im Austausch mit meiner Zielgruppe zu stehen, muss das Unternehmen redaktionell arbeiten und einen konsistenten Output erzielen.

M5 PLATTFORMABHÄNGIGE INHALTE ENTWICKELN – BEISPIEL YOUTUBE

Die Professionalisierung der Internet-Medien ermöglicht es Tausenden Menschen weltweit, von ihrem Blog, ihrem YouTube-Kanal oder Beauty Channel zu leben. Das ist nicht selbstverständlich. Nur eine jahrelange Entwicklung der einzelnen Plattformen und deren Algorithmen ermöglichte es Künstlern, aus der Dunkelheit ins Rampenlicht zu treten und mit ihrer (digitalen) Arbeit Geld zu verdienen. Dabei steht die Ernsthaftigkeit der digitalen Kommunikation im Vordergrund. Ernsthaftigkeit erzeugen Blogger vor allem durch ihre Person selbst, die sie häufig auch zum Erfolg gebracht hat. Ein Unternehmen hat diese Personality meist nicht. Es besteht nicht aus einer Person und hat keinen YouTube-Channel, um sich und sein Leben vorzustellen, es möchte vor allem eins: Geld verdienen durch den Verkauf von Produkten oder Dienstleistungen. Diesen Druck hat ein Blogger in der Regel nicht: Er hat sich langsam positioniert und wurde dann meist über Nacht berühmt. Ein Unternehmen, das beginnt, digital zu kommunizieren, folgt strengen Regeln. Es sitzt in einem Raster fest, das häufig mit den Key Performance Indicators von der Konzernleitung verbunden ist. Wie ist es also möglich für Unternehmen, zielgruppengerecht und inhaltstreu auf den jeweiligen Plattformen zu kommunizieren?

Ein häufiger Irrglaube ist, dass Inhalte von Unternehmen als diese markiert werden müssen, damit die Werbebotschaft übermittelt wird. Beispielsweise verfügt jeder Kanal auf YouTube über ein Logo. Greift ein Nutzer auf einen Inhalt des Unternehmens zu, so wird er automatisch das Logo erkennen und die damit verbundene Marke. Denn wie erwähnt: Niemand auf YouTube sucht nach Marken. Alle suchen nach Inhalten.

Inhalte wiederum führen zu Marken. Muss dann auch noch der Videotitel den Markennamen enthalten? Muss auf YouTube die langweilige Werbebotschaft übermittelt werden, wie es der Werbespot tut, oder müssten hier nicht vielmehr Formate auftauchen, wie die des Videobloggers, der hip die Zielgruppe anspricht? Marken brauchen nur Mut, genau das zu tun. Ein Beispiel: Ich habe vor nicht allzu langer Zeit ein Videoformat für einen Automobilhersteller entworfen. Das Problem war dabei, dass das Produkt für den Käufer nicht wirklich attraktiv war. Es handelte sich dabei um einen Kastenwagen, auch Van genannt. Der Van ist im Gegensatz zum Sportwagen derselben Marke kein reichweitenstarker Gefährte. Wie also hier eine Zielgruppe ansprechen? Eines Morgens, es war Winter, stand ich vor meinem alten Auto. Das Schloss war zugefroren. Ich rannte nach oben in meine Wohnung und suchte im Netz nach einer Lösung. Ich stieß auf ein Tutorial mit dem Namen „Wie man Eisflüssigkeit mit einfachen Mitteln herstellt". Und siehe da: Ich wurde auf YouTube fündig. Ich frage mich, warum man solche Infos nicht bei den Automobilherstellern selbst findet? Warum ist die Angst so groß, zum „Freund des Kunden" zu werden, der einen nicht nur beim Autokauf unterstützt, sondern auch bei Pannen oder sonstigen Problemen? Die kleine YouTube-Show war geboren. Ich produzierte mit einem Kollegen mehrere Pilotfolgen, die in einfacher Art und Weise Themen der Automobilbranche in sich vereinten. Wir sprangen auf aktuelle Keywords und Trends auf und konnten durch eine einfache Produktionsweise immer am Zahn der Zeit bleiben. Die Show selbst nährte sich aus Kommentaren und oft witzigen Fragen der Community auf YouTube. So wurde diese kleine YouTube-Show zum ersten Automobil-Vlog der Welt, der zwar keine klassischen Werbespots ersetzte, aber dennoch dem Unternehmen die Möglichkeit gab, unterschiedliche Zielgruppen durch verschiedene Themen anzusprechen: Was ist eigentlich der Unterschied zwischen Benzin und Diesel? Was ist ein ABS? Wie wechsle ich einen Reifen? Jedes Thema besetzte eine andere Zielgruppe, die jedoch alle auf den Kanal des Automobilherstellers führten und ihn damit als Experten platzierten.

Diese ehrliche und offene Herangehensweise ermöglichte es dem Kanal schnell, an Aufrufen und Abonnenten zu gewinnen. Gleichzeitig machte es dabei den Nutzer auf andere Themenfelder auf dem Kanal aufmerksam.

M6 ORGANISCHE DISTRIBUTION DURCH TECHNISCHE INHALTS-OPTIMIERUNG

Ist der Inhalt da, muss er auch gefunden werden. Am Thema You Tube haben wir bereits erkannt, dass die Ausrichtung auf den optimalen Titel in Bezug zu den relevanten Keywords entscheidend für den Erfolg ist. Überspitzt könnte man auch von YouTube-SEO sprechen. Denn häufig scheitern gute Inhalte schlichtweg daran, dass sie nicht gefunden werden können. Für einen Automobilhersteller im Transportbereich – wir nennen ihn hier „SUV Van" – habe ich mit einer Agentur regelmäßige Unterhaltungsinhalte produziert, die sich inhaltlich mit dem Thema Transport auseinandersetzten, das Fahrzeug in den Mittelpunkt stellten und damit unterschiedliche Zielgruppen erreichen sollten. In alter Manier kopierten wir die Titel und Beschreibungen der Website und stellten den Film auf dem YouTube-Kanal zur Verfügung. Der Titel lautete dabei etwa so: „SUV Vans: Log cabin building – with a SUV Van in the nature of Scotland". Im Film ging es darum, dass ein junger Moderator mit einem Van nach Schottland fährt, um dort Baumstämme für ein Blockhaus zu transportieren. Das Fahrzeug steht ihm hier als hilfreiches Vehikel treu zur Seite. Eine geschickte und durchaus wirksame Product-Placement-Geschichte, die den Nutzer zum einen unterhalten, zum anderen das

Fahrzeug und dessen Vorzüge näherbringen sollte. Für YouTube ein durchaus effektiverer Inhalt als der klassische Werbespot.

Trotz der Vorzüge floppte der Beitrag und konnte nur wenige Aufrufe verbuchen. Ein klassisches Problem. Doch was lief falsch? Abgesehen davon, dass der Filmtitel viel zu lang war und in keinster Weise an das Nutzerverhalten und den starken Suchcharakter der Plattform angepasst war: Warum in aller Welt sollte ein Nutzer auch nach solch einem Film suchen?

Wenn er sich unterhalten lassen will, sucht er nach etwas anderem. Also überlegten wir, wie wir an die Nutzer herankommen könnten und recherchierten nach aktuellen Trends. Wir betitelten den Film neu und hofften so, das Ganze mehr YouTube-fähig zu machen. Der neue Titel lautete: „How to make a log cabin". Zum einen war der Titel damit wesentlich kürzer, fasste aber zum anderen auch das zusammen, um was es in dem Film tatsächlich ging: um Holzhüttenbau, oder „log cabin building". Dabei trat die Marke vorerst in den Hintergrund. Durch die Modifizierung des Titels konnten wir aber nun auf den Outdoor-Trend aufspringen. Der Ruf nach Freiheit und Natur spielte zu dieser Zeit eine große Rolle. Wir erreichten neue unbekannte Zielgruppen wie „Lumberjacks" in Alaska, kurz Holzfäller, die tatsächlich im täglichen Umgang mit Vans und Transportern waren. Und wir erreichten den klassischen Aussteiger, der einfach wissen wollte, wie in aller Welt man eine eigene Holzhütte baut. Oft erschreckt diese an den Nutzergewohnheiten orientierte Titeloptimierung das Unternehmen. Dies hat den Anschein, als würde man seinem eigenen Produkt schaden. In diesem Fall wurde das Video aber innerhalb weniger Wochen erfolgreich – es fand endlich seinen rechten Platz im Netzwerk und wurde nicht durch unpassende und markenorientierte Titel davon abgehalten. Die organische Reichweite wurde abgefasst und das Video hatte endlich die Chance, gefunden zu werden. Der Nutzer hingegen – überzeugt vom Film – bekam vom Unternehmen einen positiven Eindruck.

Diese Ausführungen beziehen sich nur auf YouTube. Für andere Plattformen bieten sich allerdings ähnliche Optimierungsansätze an. Statt blindem Upload oder der Veröffentlichung von Inhalten sollte das Unternehmen stets auf Rituale, Trends und auf die technischen Parameter der Nutzer eingehen. Dabei steht der Titel idealerweise schon vor Produktionsbeginn fest und wird nicht wie hier im Beispiel nachträglich angepasst. Die Folgebeiträge des Log Cabin-Beitrags wurden alle mit „How to" betitelt und folgten den Fußstapfen des ersten Beitrags in ein erfolgreiches YouTube-Universum.

David Lochner arbeitet im Management der AOK Bayern. Er studierte Medienmanagement an der Hochschule Mittweida unterrichtete an verschiedenen Universitäten und Hochschulen und baute in Berlin eine Agentur für Social Media und Content Management mit auf.

Seit 2009 engagiert er sich im Bereich Interactive Storytelling und erforscht die Verschmelzung von Videospiel, Film und neuen Techniken zur virtuellen Filmproduktion auf der Basis digitaler Spiele. 2014 erschien sein Buch Storytelling in virtuellen Welten.

FAZIT UND AUSBLICK

Digital Storytelling kann ein wesentliches Element des Corporate Storytelling sein. Vier Besonderheiten von digitalen Medien tragen dazu bei: Integration, Verfügbarkeit, Vernetzung und Interaktivität. Die Herausforderung für die kommenden Jahre wird darin liegen, diese vier Besonderheiten wirkungsvoll für das digitale Storytelling zu nutzen.

Durch Vernetzung der User im digitalen Kosmos lassen sich Digital Storys auf neuartige Weise gemeinsam erstellen, entwickeln und weit verbreiten. Im digitalen Kosmos sind Geschichten auf Geräten vernetzt, auf Plattformen, in Diensten und Technologien, in Anwendungen und in Medienobjekten.

User können aktiv dem Verlauf der Markengeschichte folgen und diesen mitbestimmen. Sie erstellen eigene Beiträge und entwickeln sie mit anderen weiter. Wichtig ist auch, beim Geschichtenerzählen auf die optimale Verknüpfung der Medienkanäle zu achten: Digital Storytelling ist erfolgreich, wenn die Summe der gewählten Kanäle zusammen mehr ergibt als die jeweiligen Kanäle allein – ein Gesamterlebnis.

Abb. 57: Datenbrillen können unsere Geschichten bereichern.

Digital Storytelling kann ein wesentliches Element des Storytelling sein. Durch die enorm hochgradige Vernetzung von Menschen und Inhalten wäre der Begriff des „digitalen Lagerfeuers" entsprechend der klassischen Form des Geschichtenerzählens nicht zutreffend: Die User treffen sich nicht an einem Ort, sondern sie sind höchst aktiv, unberechenbar und springen beliebig von Gerät zu Gerät, von Plattform zu Plattform, von Anwendung zu Anwendung. Auch das Bild des „Computers als Theater" ist falsch, da sich User beteiligen, selbst Geschichten erzählen und gemeinsam neue Geschichten entwickeln.

Mehr als Technologie

Die Konzentration auf Begriffe wie „digitale Medien" und „digitale Technologien" birgt die Gefahr, zu sehr die technischen Aspekte des Digital Storytelling zu beachten. Digital Storytelling ist nicht allein eine Frage der Technologie, sondern beinhaltet auch kulturelle, soziale und kommunikative Aspekte. Zu den wichtigsten Neuerungen:

- **Neues Verhalten:** Im klassischen Storytelling gibt es den Erzähler und das Publikum lehnt sich zurück. Bei digitalen Geschichten ist der User selbst aktiv – er klickt, was er sehen und wie er handeln möchte. Durch das aktive Aufrufen von Informationen verläuft der größte Teil der digitalen Kommunikation als Pull-Kommunikation. Die erforderliche höhere Beteiligung (Involvement) kann zu höherer Aufmerksamkeit führen. Wir sollten daher Geschichten vom Handeln erzählen. Die Handlungen sollten wichtig für den Fortgang der Geschichte sein. Wir sollten den User in einen Flow bringen, ihn also weder über- noch unterfordern.
- **Neue Rollen:** Die User werden zu Geschichtenerzählern: Sie erzählen von eigenen Erfahrungen und Erlebnissen. Sie sind ein aktiver Teil der digitalen Medien, aber sie werden kein Teil des Radios, wenn sie einschalten. Die User digitaler Technologien können in das Erzählen einbezogen sein und sogar eigene Inhalte entwickeln: Sie schreiben Episoden oder ganze Geschichten – sie spielen mit, sorgen durch Empfehlungen und Rezensionen für die Verbreitung der Geschichten und können auf andere Plattformen verlinken. Für den Verantwortlichen des Storytelling bedeutet dies, dass er sein Publikum in die Geschichten einbezieht, sie zum Erzählen motiviert und deren Beiträge aufgreift, um damit die Geschichte weiterzuentwickeln.
- **Neue Kultur:** Der Verlauf von Geschichten ist oft nicht mehr vorhersehbar und steuerbar. Wir müssen folglich die Kontrolle aus der Hand geben. Dies kann Sinn machen, wenn unser

Unternehmen für Spiel und Mitmachen steht – dies kann die Marke aber essenziell bedrohen, wenn sie für Autorität, Expertentum und Führung steht.

- **Neue Interaktionen:** In engem Austausch reden wir mit den Usern, wir lernen einander kennen, sind gemeinsam kreativ. Wir können von den Usern lernen und dies in unsere Arbeit einfließen lassen – falls uns das sinnvoll und machbar erscheint.

Diese Potenziale optimal zu nutzen, erfordert von uns spezielle Fähigkeiten und Fertigkeiten: Die gute Story braucht Methodik, Dramaturgie (Hero Journey) und Struktur (Handlung, Darstellung und Wirkung). Überdies müssen wir fit im Umgang mit digitalen Medien und den neuesten digitalen Technologien sein – dies wird als „Digital Literacy" bezeichnet. Wir sollten uns diese aneignen, um bestmöglich Geschichten erzählen zu können.

Digital Literacy

Digital Literacy beschäftigt sich mit den besonderen Herausforderungen bei der Nutzung digitaler Medien und digitaler Technologien: „[Digital literacy is] the awareness, attitude and ability of individuals to appropriately use digital tools [...] in order to enable constructive social action" (Martin 2005: 135).

Die besonderen Herausforderungen bei der Nutzung digitaler Medien und digitaler Technologien umfassen:

- **Technisch-praktische Fertigkeiten der Handhabung:** früher Stift und Papier, heute digitale Medien.
- **Primär-interpretative Fähigkeiten des Verstehens:** Verständnis der Symbole und Grammatik, heute auch nicht alphabetische und multimediale „Medientexte".
- **Sekundäre-interpretative und kritische Fähigkeiten:** sinnverstehendes Lesen, Zusammenhänge der Produktion und Inszenierung medialer Kommunikation Verstehen.

Digital Literacy beinhaltet das Erwerben und Nutzen von Wissen, Techniken, Haltungen und persönlichen Fähigkeiten. Sie beinhaltet die Fähigkeit, digitale Aktionen zu planen, umzusetzen und deren Erfolg bei der Lösung von täglichen Problemen zu bewerten. Diese Kenntnisse werden zu den grundlegenden Skills von PR-Managern gehören, die in und über digitale Medien und Technologien kommunizieren wollen.

Tradition und Innovation

Wir haben in diesem Buch gezeigt, wie Digital Storytelling an die uralte Tradition des Geschichtenerzählens anknüpft. Zunehmend werden die Besonderheiten digitaler Technologien für Erzählungen genutzt. Wie ist der aktuelle Stand? Alles beim Alten! Im Digital Storytelling wird fast nur verwendet, was wir schon längst kennen:

- **Text:** Wir kennen den Text schon aus dem Buchdruck. Dieser Text wird jetzt per Copy and Paste auf eine Website gebracht oder auf mehreren Pages verteilt. Links und Kommentare ergänzen den Text. Beispiele finden sich zuhauf in den Nachrichtenmedien wie www.spiegel.de und www.bild.de. Aber ist das wirklich schon alles? Wenn es Buchstaben gibt, dann könnte es doch auch Raumstaben geben (www.raumstaben.de)?
- **Bild:** Bild ist meist ein Foto – ob wir es anklicken können oder ob wir einen 360-Grad-Blick erzeugen können. Computer Generated Images (CGIs) sollen die Möglichkeiten digitaler Medien nutzen.
- **Audio:** Akustik ist meist jene Akustik, die wir bereits aus anderen Zusammenhängen kennen, zum Beispiel dem Radio oder dem Fernsehen. Im Digital Storytelling sind sie als Audiofiles abrufbar.
- **Raum:** Die Inszenierung im digitalen Raum bedeutet meist noch, realen Raum zu fotografieren und online zu stellen.

> Könnte es nicht ein neues, einzigartiges Verständnis von digitalem Raum geben?

Diese Beispiele zeige, dass wir bei Inszenierungen und Darstellungsformen in digitalen Medien noch ganz am Anfang stehen. Aber wie kommunizieren wir mit den Besonderheiten der digitalen Medien? Die Diskussion lohnt sich darüber.

Ausblick

Das Thema digitales Storytelling ist in den vergangenen Jahren immer populärer geworden. Vor dem Hintergrund der zunehmenden Digitalisierung der Gesellschaft ist auch künftig mit einem steigenden Interesse zu rechnen. Dies zeigt sich auch in der Umverteilung der Kommunikationsbudgets auf digitale Kanäle. Zudem gründen immer mehr Agenturen eigene Abteilungen für (digitales) Storytelling. Welche Entwicklungen könnten noch eintreten? Hier einige Szenarien:

- **Neue Technologien:** Die Entwicklung von Technologien erfolgt nicht linear, sondern exponentiell (Herbst/Schildhauer 2019). Bald werden Augmented und Virtual Reality zum festen Bestandteil des Storytelling gehören. Auf dem Vormarsch sind auch Hologramme, die Menschen oder Gegenstände in den Raum projizieren. Stark entwickeln werden sich virtuelle Welten, in denen die User völlig abtauchen, sowie digitale Assistenten, Gesundheitssysteme, reaktive Whiteboards, Smart Shopping, Butler TV, intelligente Haushalte.
- **Persönliche digitale Profile:** Mit jedem eingegebenen Buchstaben auf Facebook, Twitter, Google+, einem Foto auf Instagram und einem Video auf Snapchat und YouTube bauen wir unser digitales Profil weiter auf.
- **Mobil:** Durch die Zunahme von mobilen Endgeräten und Wearable Electronics wird Mobile Storytelling immer

wichtiger. Unternehmensgeschichten werden an Orten inszeniert, die der User besuchen kann und wo er Erlebnisse mit anderen Usern teilen kann.

- **Vernetzte Mobilität:** Unsere vernetzten Autos, die auf unsere Sicherheit achten, uns auf dem kürzesten Weg an den Zielort bringen und für Entertainment durch Geschichten sorgen. Und alles ohne Fahrer.
- **Affective Computing:** Seit Jahren versucht die Forschung, den Menschen die eigene Gefühlswelt mit Hilfe des Computers näherzubringen. Heute schon können Anwendungen aus der Mimik oder der Kopfhaltung auf die Stimmung einer Person schließen. Dies können Geschichten künftig berücksichtigen. Storys lassen sich nach den jeweiligen Gefühlen der User erzählen.
- **Internet der Dinge:** Der Haushalt ist vernetzt. Der Fernseher weiß, was wir schauen möchten, die Heizung ist so warm wie wir es mögen, das Licht schaltet sich automatisch ein, wenn wir nach Hause ankommen und der Kühlschrank erinnert uns per Message daran, was wir noch besorgen müssen. Digital Storytelling ist endgültig mit dem Alltag vernetzt.
- **Fanfiction:** Durch persönliche Interaktivität können Gemeinschaften in digitalen Umgebungen entstehen. In solchen Communitys können User ihre Geschichten mit anderen austauschen und so entwickeln, dass sie direkt in das Corporate Storytelling einfließen.

Digital Storytelling wird uns so bei unseren alltäglichen Heldengeschichten begleiten: Der eine wird gegen eine Krankheit in den Kampf ziehen müssen, der andere wird einen Gefährten für den nächsten Autokauf suchen.

ANHANG

X1 STORYTELLING TOOLS

Pageflow

Das multimediale Storytelling Tool Pageflow wurde vom WDR entwickelt. Bekannt ist dieses Tool unter anderem durch den Sieg beim Grimme Online Award 2014 mit der WDR-Reportage über das „Haldern Pop Festival" in der Kategorie „Spezial" geworden. Die Begründung der Jury war, dass die Reportage sowohl technisch als auch inhaltlich das Gefühl des Miterlebens auf eine außergewöhnliche Weise produziert hat. Das Tool selbst beinhaltet einen eigenen Editor, eine Medienverwaltung und eine Nutzerverwaltung. Das Besondere an Pageflow: Der öffentliche Sender WDR hat den Programmcode unter einer freien Software-Lizenz veröffentlicht. Andere User können das Tool einsetzen und weiterentwickeln. Nachteil an Pageflow: Beim Aufsetzen der Hardware sind fortgeschrittene IT-Kenntnisse gefragt. Zudem müssen Sie trotz Open-Source-Lizenz ein kostenpflichtiges Monatsabonnement abschließen.

Storify

Dieses Tool funktioniert über Drag and Drop – Inhalte einfach in das gewünschte Feld ziehen oder verschieben. Ein weiterer Vorteil von Storify ist das Einbetten Ihrer Geschichten wie Sie es von YouTube her kennen. Dieses Tool ist auch bei kommerzieller Nutzung kostenlos und lässt sich um die kostenpflichtige „Enterprise"-Version erweitern.

Aesop

Dieses Storytelling-Plugin wurde im Jahre 2014 speziell für WordPress entwickelt. E wird bereits von einigen Verlagen eingesetzt. Aesop stellt grundlegende, vorgebaute Multimedia-Komponenten bereit, um Storytelling möglichst einfach zugänglich zu machen. Ob Parallax-Effekte, Fotos, Atmo im Hintergrund oder Videoloops – dies lässt sich alles userfreundlich hinzufügen und bearbeiten. Mit diesem Tool können Sie ansprechende Storytelling-Projekte umsetzen. Doch sollten Sie ein etwas von HTML verstehen, um die Möglichkeiten dieses Tools voll auszuschöpfen.

Linius

Der Bayerische Rundfunk (BR) hat in Zusammenarbeit mit mcquadrat dieses Storytelling-Tool entwickelt. Es ermöglicht jedem, bildstarke und innovative Geschichten zu erzählen. Dabei setzt Linius auf den Trend der Onepager, bei denen ein Thema linear auf einer Seite behandelt wird. Vor allem für Freiberufler, Journalisten und Blogger ist Linius sicherlich das richtige Tool.

Da diese Tools optisch ähnliche Ergebnisse produzieren, empfehlen wir Ihnen, sich intensiver mit ihnen zu beschäftigen und das optimale Tool für Sie herauszufinden – der Unterschied steckt im Detail. Auch eignen sich die Tools für unterschiedliche Anwendungen: Während ein Freiberufler, Journalist oder Blogger auf Linius setzen kann, wird für einen Verlag wahrscheinlich Pageflow aufgrund der vielen Standardgeschichten nützlicher sein.

WireWax

Bei WireWax handelt es sich um eine interaktive Video-Technologie, mit deren Hilfe Nutzer direkt mit den Personen und Objekten in Videos interagieren können. WireWax bietet eine Reihe von Funktionen, mit denen Sie Ihre vorhandenen Videoinhalte in eine vollständig interaktive Lernerfahrung umwandeln können.

Skyword

Der Fokus von Skyword liegt auf Inhalten und darauf, wie Sie Ihre Inhalte besser und exponierter gestalten können. Skyword bietet allen Kunden eine Vielzahl von Marketinginstrumenten und -dienstleistungen sowie einen Zugang zu Tausenden von freiberuflichen Autoren und Videografen, einem Redaktionsteam und Programmmanagern.

Visage

Visage ist eine beeindruckende Lösung für Ihr gesamtes Team, mit der Sie markenfähige visuelle Inhalte erstellen können. Was auch immer Sie mit Visage tun, Sie müssen keine Kenntnisse im Design haben und eine Codierung ist ebenfalls nicht erforderlich. Mit der Flexibilität und Erweiterbarkeit der Software können Sie bemerkenswerte Dinge erstellen.

Visme

Das Erstellen von visuellem Storytelling ist mit Visme ein Kinderspiel. In der heutigen Zeit müssen Sie nicht einmal ein Profi-Designer sein, um Inhalte erstellen zu können, die Ihre Benutzer in Erstaunen versetzen. Mit Visme können Sie Präsentationen, Infografiken, Flyer, Dokumente, Videos, soziale Grafiken, Zeitleisten, Flussdiagramme und vieles mehr erstellen.

Moovly

Moovly ist ein beeindruckendes Tool zum Erzählen von Geschichten, das Ihre Idee in ein lebendiges Video verwandelt. Sie benötigen keine fortschrittliche Software oder spezielles Wissen, wenn es um das Erstellen von Videos mit Moovly geht. Mit diesem Tool können Sie Werbe-Videos, Video-Tutorials, Erklär-Videos und vieles mehr erstellen.

StoryboardThat

Storyboards sind derzeit in verschiedenen Nischen im Web zu einer Sache geworden, die besonders bei Indie-Bloggern und allen beliebt ist, die leidenschaftlich gerne ein wenig Spaß an ihrem Content haben. StoryboardThat ermöglicht es jedem, seine eigenen Storyboards zu erstellen und sie zu verwenden, um Geschichten überzeugend auszudrücken und zu erzählen. Es stehen viele Animationen und Grafiken zur Auswahl, dass Sie kontinuierlich Neues und Einzigartiges erstellen können.

Shorthand

Mit Shorthand können Sie atemberaubende visuelle Kurzgeschichten erstellen, die mit den neuesten Daten von Social-Media-Plattformen, aus dem Web selbst oder aus Ihren direkten Erfahrungen ergänzt werden können. Jede Geschichte hat ihre eigene Landingpage und Shorthand ist eine bekannte Plattform für einige der weltweit führenden Journalisten-Websites.

Uberflip

Mit Uberflip können Sie sie schnell und mit geringem Aufwand Ihre Marketingkampagnen starten. Mit diesem Tool haben Sie alles an einem Ort – von der Erstellung des Inhalts bis zur Verteilung. Natürlich können Sie das Erlebnis vollständig personalisieren und es genau auf den Endbenutzer zuschneiden.

Infogramm

Infogramm ist eines der besten Werkzeuge zum Erstellen von Infografiken innerhalb von Minuten. Sie haben die völlige Freiheit, genau die Infografik zu erstellen, die Sie möchten. Kreativ ist der Trick mit der intuitiven Oberfläche. Das langweilige Anzeigen von Inhalten gehört damit der Vergangenheit an.

X2 ONLINE-KURSE

Future of Storytelling

„The Future of Storytelling" ist der erste MOOC (Massive Open Online Course) der Fachhochschule Potsdam und einer der ersten in Berlin/Brandenburg überhaupt. Ziel des MOOCs ist es, die Zukunft des Geschichtenerzählens zu erforschen und mitzugestalten: interdisziplinär und unter Einbeziehung von Studierenden unterschiedlicher Länder und Kulturen. Der Kurs lief vom 25. Oktober bis 20. Dezember 2013 auf der Online-Plattform iversity, 93.000 Studierende schrieben sich ein.

Website der Fachhochschule Potsdam: https://www.fh-potsdam.de/informieren/service/e-learning/projekte/projekt-detailansicht/project-action/the-future-of-storytelling-mooc/

Die Videos sind auch bei YouTube abrufbar: https://www.youtube.com/user/officialStoryMOOC

Storytelling

Georg Adlmaier-Herbst führt Sie Schritt für Schritt durch das Entwickeln spannender und mitreißender Geschichten im Businessbereich. Sie können danach sofort beginnen, diese Geschichten in Ihrem Berufsumfeld umzusetzen. Der Kurs enthält viel Zusatzmaterial und Übungen, um die Anwendung der Erkenntnisse in der Praxis zu erleichtern.

Worum geht es in dem Kurs?

- Was Storytelling im Business bedeutet.
- Warum Storytelling so wichtig für die gelungene Kommunikation ist.

- Wie sich die enorme Wirkung von Storytelling erklären lässt.
- Welche Schritte zum Entwickeln von Geschichten gehören.
- Wo Sie das Thema vertiefen können.

Weitere Informationen: https://iversity.org/en/courses/storytelling-im-business

X3 BILDNACHWEIS

Abb. 1: Dieter Georg Herbst
Abb. 2: Dieter Georg Herbst
Abb. 3: www.pexels.com/de
Abb. 4: Dieter Georg Herbst
Abb. 5: www.pexels.com/de
Abb. 6: Dieter Georg Herbst
Abb. 7: Dieter Georg Herbst
Abb. 8: Dieter Georg Herbst
Abb. 9: www.pexels.com/de
Abb. 10: www.pexels.com/de
Abb. 11: Universität St. Gallen
Abb. 12: https://www.youtube.com/watch?v=fihRFCpcWPs
Abb. 13: www.sixwordstories.net
Abb. 14: www.pexels.com/de
Abb. 15: North Kingdom
Abb. 16: North Kingdom
Abb. 17: North Kingdom
Abb. 18: North Kingdom
Abb. 19: North Kingdom
Abb. 20: North Kingdom
Abb. 21: North Kingdom
Abb. 22: www.pexels.com/de
Abb. 23: http://scottmccloud.com/1-webcomics/carl/3a/02.html
Abb. 24: www.pexels.com/de
Abb. 25: https://iversity.org/en/courses/storytelling-im-business
Abb. 26: www.pexels.com/de
Abb. 27: Dieter Georg Herbst
Abb. 28: https://www.jswconsulting.de/customer-journey
Abb. 29: https://www.youtube.com/watch?v=XA2-xQ8HJiE

Abb. 30: http://webdoku.de
Abb. 31: http://webdoku.de
Abb. 32: http://webdoku.de
Abb. 33: www.pexels.com/de
Abb. 34: https://youtu.be/DRoqk_z2Lgg
Abb. 35: https://www.youtube.com/watch?v=tyaEQEmt5ls
Abb. 36: Dieter Georg Herbst
Abb. 37: www.pexels.com/de
Abb. 38: www.pexels.com/de
Abb. 39: www.pexels.com/de
Abb. 40: Kilian/Brexendorf 2005: 12
Abb. 41: www.pexels.com/de
Abb. 42: https://www.youtube.com/watch?v=pO1wctpTmTY
Abb. 43: Dieter Georg Herbst
Abb. 44: Dieter Georg Herbst
Abb. 45: https://www.youtube.com/watch?v=f4DCTO6cbSk
Abb. 46: Dieter Georg Herbst
Abb. 47: https://eu.patagonia.com/pt/de/climbing
Abb. 48: https://youtu.be/6_pru8U2RmM
Abb. 49: https://www.youtube.com/watch?v=2_f8q9Iclfg
Abb. 50: www.pexels.com/de
Abb. 51: www.pexels.com/de
Abb. 52: FUERSTVONMARTIN
Abb. 53: https://www.tableau.com/de-de/learn/articles/data-visualization
Abb. 54: https://www.faz.net/aktuell/wissen/antarktis-arbeiten-im-ewigen-eis-13525699.html
Abb. 55: https://www.telefonica.de/analytics/anonymisierte-daten/studie-so-bewegt-sich-deutschland.html
Abb. 56: http://data-cuisine.net/data-dishes/noble-du-chocolat
Abb. 57: Dieter Georg Herbst

X4 LITERATUR

Adlmaier-Herbst, Dieter Georg/Musiolik, Thomas Heinrich (2017): Digital Storytelling als intensives Erlebnis. Wie digitale Medien erlebnisreiche Geschichten in der Unternehmenskommunikation ermöglichen. In Annika Schach (Hrsg.): Storytelling. Geschichten in Text, Bild und Film. Wiesbaden, S. 33–60

Alexander, Bryan (2011): The new digital storytelling. Creating narrative with new media. Santa Barbara

Allfacebook (2021): Offizielle Facebook Nutzerzahlen für Deutschland. https://allfacebook.de/toll/state-of-facebook [26.10.2021]

Bannert, Maria (2007): Metakognition beim Lernen mit Hypermedien. In: Detlef Rost (Hrsg.): Pädagogische Psychologie und Entwicklungspsychologie, Band 61, Münster

Bauer, Joachim (2005): Warum ich fühle, was du fühlst. Intuitive Kommunikation und das Geheimnis der Spiegelneurone. 4. Aufl., Hamburg

Baumgartner, Felix (o.J.): Red Bull Stratos. https://www.hangar-7.com/de/hangar-7/exponate/red-bull-stratos [30.07.2021]

Blothner, Dirk (1999): Erlebniswelt Kino. Bergisch-Gladbach

Blothner, Dirk (2003): Das geheime Drehbuch des Lebens. Kino als Spiegel der menschlichen Seele. Bergisch-Gladbach

Brown, Fredric (1949): The Knock. In: Bleiler, E.F./Dikty, T.E.: The best science fiction stories. Hollywood

Crawford, Chris (2013): Chris Crawford on interactive storytelling. 2. Aufl. http://ptgmedia.pearsoncmg.com/images/9780321864970/samplepages/0321864972.pdf [12.08.2015]

Csikszentmihalyi, Mihaly (1975): Beyond Boredom and Anxiety. Experiencing Flow in Work and Play. San Francisco

Damasio, Antonio (2003): Ich fühle, also bin ich. Die Entschlüsselung des Bewusstseins. 4. Aufl., München

Damasio, Antonio (2004): Descartes' Irrtum. Fühlen, Denken und das menschliche Gehirn. Berlin

Dänzler, Stefanie/Heun, Thomas (2014): Marke und digitale Medien. Der Wandel des Markenkonzepts im 21. Jahrhundert. Wiesbaden

Davidson, Richard/Begley, Sharon (2012): Warum wir fühlen, wie wir fühlen. Wie die Gehirnstruktur unsere Emotionen bestimmt – und wie wir darauf Einfluss nehmen können. München

Duden (2012): Die deutsche Rechtschreibung. Berlin

Dworschak, Manfred/Grolle, Johann (2012): Als wären wir gespalten. Gespräch mit dem Nobelpreisträger Daniel Kahneman. In: Spiegel, 21/2012. https://www.spiegel.de/wissenschaft/als-waeren-wir-gespalten-a-eceb50fc-0002-0001-0000-000085833401 [25.07.2021]

Eick, Denis (2014): Digitales Erzählen. Die Dramaturgie der Neuen Medien. Konstanz

Fog, Klaus/Budtz, Christian/Yakaboylu, Baris (2004): Storytelling. Branding in Practice. Berlin

Gallup Organization (2020): Engagement Index 2020. www.gallup.de [25.07.2021]

Glassner, Andrew (2004). Interactive Storytelling. Techniques for 21st Century Fiction. Massachusetts

Godefroid, Daniel (2012): Mobile standortbezogene Onlinewerbung als kommunikationspolitisches Instrument im stationären Einzelhandel. Eine empirische Untersuchung situativer Einflussfaktoren. Dissertation an der Universität der Künste Berlin

Grawe, Klaus (2004): Neuropsychotherapie. Göttingen

Haisch, Philipp T. (2011): Bedeutung und Relevanz der Onlinemedien in der Markenkommunikation. In: Elke Theobald/Philipp T. Haisch (Hrsg.): Brand Evolution. Wiesbaden

Handler Miller, Carolyn (2014): Digital Storytelling. A Creator's Guide to Interactive Entertainment. 3. Aufl., Oxford

Headstream.com (2015): The power of brand storytelling. How brand storytelling can meet marketing objectives

Hebb, Daniel (1949): The organization of behavior. A neurolophysiological theory. New York

Heijnk, Stefan (2011): Texten fürs Web. Planen, schreiben, multimedial erzählen. Das Handbuch für Online-Journalisten. Heidelberg

Hellekson, Karen/Busse, Kristina (2006): Fan fiction and fan communities in the age of the Internet. New essays. Jefferson

Herbst, Dieter Georg (2010): Storytelling in der Markenführung. In H. Meyer (Hrsg.): Marken-Management 2010/2011. Frankfurt/Main

Herbst, Dieter Georg (2012): Bilder, die ins Herz treffen. Bremen

Herbst, Dieter Georg (2014): Digital Brand Storytelling – Geschichten am digitalen Lagerfeuer? In: Stefanie Dänzler/ Thomas Heun (Hrsg.): Marke und digitale Medien. Der Wandel des Markenkonzepts im 21. Jahrhundert. Wiesbaden, S. 223–241

Herbst, Dieter Georg (2015). Digitale Markenführung. Wie Sie starke Marken in digitalen Medien aufbauen und entwickeln. Berlin

Herbst, Dieter Georg (2016): Vernetzte Markengeschichten in digitalen Medien. Marketing Review St. Gallen, 1, S. 38–45

Herbst, Dieter Georg (2021): Storytelling in den Public Relations. Erzählen Sie die spannende Geschichte Ihres Unternehmens. 4. Aufl., Köln

Herbst, Dieter Georg/Musiolik, Thomas Heinrich (2015): Digitale Markenführung. Wie Sie starke Marken in digitalen Medien aufbauen und entwickeln. Berlin

Herbst, Dieter Georg/Täubrich, Klaus (2018): Strategische Storywelten im Content Marketing. In: Günter Bentele/Manfred Piwinger/Gregor Schönborn (Hrsg.): Handbuch Kommunikationsmanagement. Loseblattsammlung. Art.-Nr. 5.99. Köln

Herbst, Dieter Georg/Schildhauer, Thomas (2019): Public Relations und Digitalisierung. Köln

Herrmann, A./Stefanides, J. (2011): Wechselspiel zwischen emotionalen und kognitiven Markenerlebnis. Ergebnisse und Implikationen einer neurowissenschaftlichen Studie. In: Manfred Bruhn/Richard Köhler: Wie Marken wirken. Impulse aus der Neuroökonomie für die Markenführung. München, S. 131–143

Hoewner, Jörg (2020): Wie Daten die Kommunikation treiben. Der Blick auf Data-driven PR und Data Storytelling. https://www.mcschindler.com/wie-daten-die-kommunikation-treiben-der-blick-auf-data-driven-pr-und-data-storytelling [30.07.2021]

Hotsuite (2018): Global Digital Report 2018. https://wearesocial.com/blog/2018/01/global-digital-report-2018. [22.03.2019]

Institut für immersive Medien (ifim) (2012): Jahrbuch immersiver Medien 2012. Bildräume – Grenzen und Übergänge. https://link.iue.fh-kiel.de/wp-content/uploads/2017/12/JiM_2012.pdf [25.07.2021]

Jenkins, Henry (2013). Transmedia storytelling. Weblog. http://henryjenkins.org/2007/03/transmedia_storytelling_101.html [29.07.2021]

Kahneman, Daniel (2012): Thinking, Fast and Slow. London

Kilian, Karsten/Brexendorf, Tim (2005): Multisensuale Markenführung als Differenzierungs- und Erfolgsgröße. In: Business Report. 2/2005

Kilian, Thomas/Langner, Sascha (2010): Online-Kommunikation. Kunden zielsicher verführen und beeinflussen. Wiesbaden

Kleine Wieskamp, Pia (2016) (Hrsg.): Storytelling. Digital – Multimedial – Social. Formen und Praxis für PR, Marketing, TV, Game und Social Media. München

Kleine Wieskamp, Pia (2019): Visual Storytelling im Business. Mit Bildern auf den Punkt kommen. München

Kreutzer, Ralf T./Land, Karl-Heinz (2017): Digitale Markenführung. Digital Branding im Zeitalter des digitalen Darwinismus. Das Think!Book. Wiesbaden

Kroeber-Riel, Werner/Esch, Franz-Rudolf (2011): Strategie und Technik der Werbung. Verhaltenswissenschaftliche Ansätze für Offline und Online-Werbung. 7. Aufl., Stuttgart

Lambert, Joe (2013): Digital Storytelling capturing lives, creating communities. Abingdon/Oxford

Lampert, Marie/Wespe, Rolf (2020): Storytelling für Journalisten. Wie baue ich eine gute Geschichte? 5. Aufl., Köln

Laurel, Brenda (1993): Computers as Theatre. Boston u.a.

Mikunda, Christian (2016): Marketing spüren. Willkommen am Dritten Ort. 4. Aufl., München

Lochner, David (2014): Storytelling in virtuellen Welten. Konstanz

Martin, Allan (2006): Towards a Framework for Digital Literacy. Glasgow. DigEuLit-Project. (www.digeulit.ec)

Meier, Klaus (2002): Internet-Journalismus. 3. Aufl., Konstanz

Meier, Klaus (2007): Journalistik. Konstanz

Michelis, Daniel/Schildhauer, Thomas (2012): Social Media Handbuch. Theorien, Methoden, Modelle und Praxis. Baden-Baden

Miller, Carolyn Handler (2008): Digital storytelling. A creator's guide to interactive entertainment. 2. Aufl., Amsterdam

Miller, Donald (2017): Building a story brand. Clarify Your message so customers will listen. New York

Mixed Reality Lab (2014): Can an ‚electronic lollipop' simulate taste? How to turn your smartphone into a ‚smell phone'. http://mixedrealitylab.org/ [15.03.2019]

Murray, Janet (1997): Hamlet on the Holodeck. The future of narrative in cyberspace. Cambridge

Nussbaumer Knaflic, Cole (2017): Storytelling mit Daten. Die Grundlagen der effektiven Kommunikation und Visualisierung mit Daten. München

Opaschowski, Horst (2000): Kathedralen des 21. Jahrhunderts. Erlebniswelten im Zeitalter der Eventkultur. Hamburg

Pariser, Eli (2011): The Filter Bubble. What the internet is hiding from You. New York

Pöppel, Ernst (2008): Zum Entscheiden geboren. Hirnforschung für Manager. München

Radü, Jens (2019): New Digital Storytelling. Anspruch, Nutzung und Qualität von Multimedia-Geschichten. Baden-Baden

Rapaille, Clotaire (2007): Der Kultur-Code. München

Rush, Brianne Carlon (2014): Science of storytelling. Why and how to use it in your marketing. A look at how humans have always loved stories, and six tips for incorporating them into your digital marketing. In: The Guardian. 24.08.2014. https://www.theguardian.com/media-network/media-network-blog/2014/aug/28/science-storytelling-digital-marketing [26.10.2021]

Ryan, Marie-Laure (2006): Avatars of story. Electronic mediations, Bd. 17. Minneapolis/London

Scheier, Christian/Held, Dirk (2012): Was Marken erfolgreich macht. 3. Aufl., Freiburg

Schell, Jesse (2003): Understanding Entertainment. Story and Gameplay are one. In: Julie A. Jacko/Andrew Sears (Hrsg): The Human Computer Interaction Handbook. Mahwahn NJ

Singer, Tania/Ricard, Matthieu (2015): Mitgefühl in der Wirtschaft. Ein bahnbrechender Forschungsbericht. München

Singer, Tania/Seymour, Ben/O'Doherty, John/Kaube, Holger/Dolan, Raymond J./Frith, Chris D. (2004): Empathy for pain involves the affective but the sensory components of pain. Science 202, S. 1157–1162

Storch, Maja (2006): Der vernachlässigte Körper. In: Psychologie Heute, 6/2006, S. 20

Statista. 2019. Anzahl der Internetkäufer in Indien im Jahr 2015 sowie eine Prognose bis 2020. https://

de.statista.com/statistik/daten/studie/595241/umfrage/anzahl-der-online-kaeufer-in-indien [22.03.2019]

Sturm, Simon (2013): Digitales Storytelling. Eine Einführung in neue Formen des Qualitätsjournalismus. Wiesbaden

Witte, Barbara/Ulrich, Martin (2014): Multimediales Erzählen. Konstanz

X5 INDEX

NOTIZEN

NOTIZEN

NOTIZEN

NOTIZEN

NOTIZEN

Crashkurs Public Relations

In 9 Schritten zum Kommunikationsprofi

Praxisnah und anschaulich liefert der Band direkte Hilfen für die tägliche Presse- und Öffentlichkeitsarbeit und vermittelt Einsteigern und Fortgeschrittenen die Grundlagen der PR.

Autorin: Marion Steinbach
ISBN 978-3-7445-1955-7

Storytelling in den Public Relations

Erzählen Sie die spannende Geschichte Ihres Unternehmens

Warum wirken Geschichten so stark und wie lassen sie sich in der Unternehmenskommunikation sinnvoll nutzen?

Autor: Dieter Georg Herbst
ISBN 978-3-7445-0975-6

Unternehmensfilme drehen

Business Movies im digitalen Zeitalter

Als Standardwerk für professionelle Kommunikatoren wendet sich das Buch an alle, die überzeugend und effizient mit Bewegbild kommunizieren wollen.

Autoren: Wolfgang Lanzenberger,
Michael Müller
ISBN 978-3-7445-0905-3

MENSCHEN
MACHEN
MEDIEN

Probeheft und Abonnement:
service@verlag-weinmann.com
https://mmm.verdi.de/mediadaten

DAS MEDIENPOLITISCHE VER.DI-MAGAZIN
ONLINE UND ALS THEMENHEFT

„M MENSCHEN MACHEN MEDIEN"
ist die medienpolitische Publikation der Vereinigten Dienstleistungsgewerkschaft ver.di.

Informativ, kritisch, analytisch richtet sich M an alle in der Medienbranche Tätigen und an Studentinnen und Studenten der verschiedenen Kommunikationsrichtungen.

M Online wartet täglich mit neuen Meldungen, Berichten und Meinungsbeiträgen auf!
https://mmm.verdi.de
Zweimal monatlich erscheint der M Online Newsletter mit den neuesten Artikeln. Abonnieren lohnt sich!

M Print kommt viermal im Jahr mit einem Heft heraus, das ein Thema hintergründig, analytisch und im Überblick darstellt. Auflage 50 000 Exemplare.
Das Jahresabo kostet 36 Euro. Ausgaben können auch einzeln für 9 Euro erworben werden.

Für Mitglieder der ver.di-Medien-Fachgruppen ist der ABO-Preis im Mitgliedsbeitrag enthalten.